公共財と外部性：
OECD諸国の農業環境政策

OECD著／植竹哲也訳

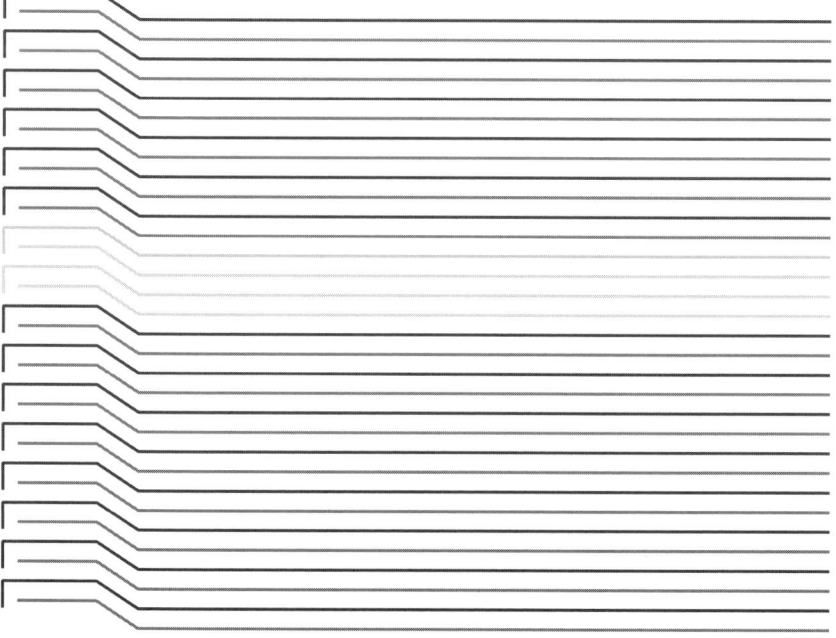

)) OECD　Public Goods and Externalities
Agri-environmental Policy Measures in Selected
OECD Countries

筑波書房

本書はOECD事務局長の責任の下で出版されたものである。本書で表明されている意見や採用されている議論は必ずしもOECD加盟国の公式見解を反映していない。

本書と本書内の地図はいかなる領域の状況や主権、国境線や境界の限界、領域、市及び地域の名称について予断を与えるものではない。

イスラエルに関する統計データは関連するイスラエル当局の責任の下、提供されたものである。OECDによる当該データの使用は国際法に基づくゴラン高原、東エルサレム、ヨルダン川西岸地区のイスラエル入植地区の状況について予断を与えるものではない。

本書の翻訳の質と原著との整合性は翻訳者の責任である。原著と本書との間で齟齬がある場合は原著の文のみが有効である。

原著（英語）は以下の題で出版された。
Public Goods and Externalities:
Agri-environmental Policy Measures in Selected OECD Countries
© 2015, Organisation for Economic Co-operation and Development (OECD), Paris.

© 2016 Tsukubashobo for this Japanese editon.

序文

　農業は食料、飼料、繊維、燃料といった商品を供給するだけでなく、生物多様性、水質、土壌の質といった環境に対して正負の影響をもたらす。これらの農業生産活動に由来する環境外部性は、同時に非排他性、非競合性の特徴を有していることがある。本書では、環境外部性がこれらの特徴を有している場合、「農業環境公共財」と定義することとする。農業環境公共財は必ずしも望ましいものとは限らない。環境に対して負の影響をもたらす場合は、「負の農業環境公共財」と定義することができる。

　「公共財と外部性：OECD諸国の農業環境政策」は、5カ国の農業環境政策について分析することにより、農業環境公共財の供給と負の農業環境公共財の削減を図るための最適な政策について、その理解を深めることを目的としている。本書では、各国がどのような農業環境公共財を政策対象としているのか、各国が農業環境目標とリファレンス・レベルをどのように設定しているのか、どのような政策がどの農業環境公共財を対象に実施されているのか、といった点について分析を行う。本書では、負の農業環境公共財の削減を含む農業環境公共財を供給するための政策の立案に資する情報提供を行う。

　本書は、バックグラウンド・ペーパーとして作成し、OECD Food, Agriculture and Fisheries Paper Series として出版された以下の5カ国のケーススタディを取りまとめ、分析を加えたものである。

- *Public Goods and Externalities: Agri-environmental Policy Measures in Australia*（公共財と外部性：オーストラリアの農業環境政策）
- *Public Goods and Externalities: Agri-environmental Policy Measures in*

Japan（植竹哲也著、植竹哲也訳（2016）『公共財と外部性：日本の農業環境政策』筑波書房）
- *Public Goods and Externalities: Agri-environmental Policy Measures in the Netherlands*（公共財と外部性：オランダの農業環境政策）
- *Public Goods and Externalities: Agri-environmental Policy Measures in the United Kingdom*（公共財と外部性：英国の農業環境政策）
- *Public Goods and Externalities: Agri-environmental Policy Measures in the United States*（公共財と外部性：米国の農業環境政策）

　これらの5カ国のケーススタディはOECD iLibraryから無料で入手することができる。

　2010年に開かれたOECD農業大臣会合は、OECDに対して、「農業が供給する公共財、私的財及びサービスに関するものを含め、内在する社会面及び環境面での費用や便益をよりよく反映させるようなインセンティブ（奨励措置）を与える政策オプションや市場アプローチを明らかにする」ことを要求したところである。そして、2011年にドイツのブラウンシュヴァイク（Braunschweig）で開かれた農業環境政策の評価に関するOECDワークショップにおいて、公共財を供給するための農業環境政策の費用対効果についての更なる分析が必要であることが合意された。

　これまでもOECDは農業環境公共財に関する度重なる研究を行ってきたところである。初期の研究は、農業生産活動から生じる正負の環境外部性に関する理論的な分析に焦点を当てていた。2010年に出版された「費用対効果の高い農業環境政策のためのガイドライン（ガイドライン）」はそれまでの概念的な研究の成果を取りまとめ、農業環境問題に対処するための様々な政策の特徴を明らかにした。また、2013年に出版された「農業環境公共財と共同行動」は農業環境公共財を供給するために農家がどのように他の農家や非農家と共同するのかについて分析を行った。これらの研究により、多様な農業

環境政策（農業環境支払い、規制、取引可能な許可証等）の一般的な特徴を明らかにしたところである。

また、OECDはOECD諸国の農業環境政策を含む農業政策についてモニタリングと評価を行ってきたところである。2010年に出版された「農業環境問題に対する政策（インベントリー）」（OECD, 2010b）は、1990年代半ば以降の農業関係の環境問題に対する政策の展開について取りまとめている。その他のレポートも、数多くの政策提言と各国の取組を紹介している。しかしながら、各国がどのように農業環境公共財を位置づけ、どのように環境目標とリファレンス・レベルを設定し、どの農業環境公共財を対象にどの政策を実施しているのかについては、未だに不明確なままである。これらの点については、これまでのOECDのスタディでは十分に検討が行われていない。

本プロジェクトは、OECDの農業委員会及び環境政策委員会の下部組織である農業・環境合同作業部会（JWPAE: Joint Working Party on Agriculture and the Environment）の下で実施された。農業・環境合同作業部会は2014年6月に本書の秘匿解除に合意した。

本書の著者は植竹哲也（OECD貿易農業局環境課農業政策アナリスト）である。

ケーススタディには以下の専門家が参加した。

  James Jones（Cumulus Consultants Ltd、英国）
  David Pannell（University of Western Australia、オーストラリア）
  Anna Roberts（Natural Decisions Pty Ltd、オーストリア）
  Raymond Schrijver（Wageningen UR Alterra Landscape Centre、オランダ）
  James Shortle（Pennsylvania State University、アメリカ）
  Paul Silcock（Cumulus Consultants Ltd、英国）

貴重なコメントをいただいたCarmel Cahill（OECD貿易農業局）、Dimitris

Diakosavvas（OECD貿易農業局）、Guillaume Gruère（OECD貿易農業局）、Franck Jesus（OECD貿易農業局）、佐々木宏樹（国連食糧農業機関）、Vaclav Vojtech（OECD貿易農業局）の各氏に感謝申し上げる。Dale Andrew（OECD貿易農業局）には全体的なアドバイスを、Françoise Bénicourt（OECD貿易農業局）、Michèle Patterson（OECD貿易農業局）及びTheresa Poincet（OECD貿易農業局）には出版関連の準備をお願いした。

目次

要旨 ·· 13
   主な政策提言 ·· 15

第1章　農業環境公共財と外部性 ·· 19
   はじめに ·· 20
   本書の目的 ·· 20
   分析手法 ·· 21
   農業環境公共財の理論的枠組み ·· 22
   参考文献 ·· 29

第2章　主な農業環境公共財と農業生産活動を通じた供給 ·························· 33
   主な農業環境公共財の概要 ·· 34
   地方公共財とグローバル公共財 ·· 36
   農業環境公共財に影響を与える要因 ·· 46
   営農形態 ·· 48
   農業投入財と農法 ·· 49
   農業インフラ ·· 50
   注釈 ·· 52
   参考文献 ·· 53

第3章　農業環境公共財関連の市場の失敗 …… 57
 農業環境公共財の市場の失敗 …… 58
 農業環境公共財の需要の推計 …… 59
 農業環境公共財の供給の推計 …… 69
 いつ政府が介入すべきか …… 71
 注釈 …… 78
 参考文献 …… 79

第4章　環境目標とリファレンス・レベル …… 89
 リファレンス・レベルの枠組み …… 90
 環境目標 …… 93
 リファレンス・レベル …… 95
 リファレンス・レベルと財産権 …… 112
 注釈 …… 116
 参考文献 …… 117

第5章　農業環境公共財の供給のための政策 …… 121
 農業環境政策の概要 …… 122
 農業の環境目的に対するターゲティング …… 126
 複数の目的とターゲティング …… 136
 農業環境政策とポリシーミックス …… 145
 注釈 …… 162
 参考文献 …… 162

第6章　結論と政策提言 …… 171
 農業環境部門における公共財と外部性 …… 172

主な農業環境公共財 ………………………………………	172
農業生産と農業環境公共財の供給 ………………………	173
農業環境公共財関連の市場の失敗 ………………………	174
環境目標とリファレンス・レベル ………………………	175
農業環境公共財の供給のための政策 ……………………	176

付録6.A.
オーストラリア、日本、オランダ、英国及びアメリカにおける
 農業環境政策の概要 …………………………………………… 181

表

表1.1. 農業環境公共財の分類 …………………………………… 23
表2.1. 5カ国で政策対象となっている農業環境公共財 …………… 35
表2.2. 農業環境公共財と農法の関係の例 ………………………… 51
表3.1. 農業環境公共財関連の代理指標の例 ……………………… 61
表3.2. 需要曲線を導出することができる主な金銭的評価手法……… 66
表3.3. 農業環境公共財の供給を推計するために用いられる指標例 ………… 70
表3.4. 英国における農業環境公共財の傾向 ……………………… 72
表4.1. 農業環境公共財に影響を与える要因と環境面での成果に関するリファレンス・レベル：オランダの例 ……………………………… 103
表5.1. 農業環境問題に対する対策 ………………………………… 123
表5.2. インプット・ベースとパフォーマンス・ベースの政策 ……… 133
表5.3. 農業環境政策と対象となる農業環境公共財の例 …………… 138
表5.4. OECDケーススタディ国における農業環境政策と政策対象とされている農業環境公共財 ……………………………………………… 146
表5.5. 農業環境政策に関与する複数の政府機関（アメリカの例） ……… 154
付録表6.A1. 主なオーストラリアの農業環境政策 ………………… 182
付録表6.A2. 主な日本の農業環境政策 …………………………… 183
付録表6.A3. 主なオランダの農業環境政策 ……………………… 184
付録表6.A4. 主な英国の農業環境政策 …………………………… 185
付録表6.A5. 主なアメリカの農業環境政策 ……………………… 186

図

図2.1.	農業環境公共財とその地理的規模	37
図2.2.	農業環境公共財の供給メカニズム	47
図4.1.	環境目標とリファレンス・レベル	91
図4.2.	環境税・課金、技術支援とリファレンス・レベル	98
図4.3.	リファレンス・レベルと規制レベル	100
図4.4.	リファレンス・レベルとクロス・コンプライアンス：アメリカにおける土壌浸食しやすい耕地の保全	101
図4.5.	リファレンス・レベルの変更：日本の農業用水路と関連する農業環境公共財の例	105
図4.6.	リファレンス・レベルの引き上げ努力：オーストラリアの例	106
図4.7.	環境目標達成後のリファレンス・レベル	108
図4.8.	リファレンス・レベル、農業環境公共財の受益者と費用負担	110
図5.1.	農業環境政策とターゲティング	127
図5.2.	営農形態を対象とする政策（日本）：複数の目的の例	139
図5.3.	農法を対象とする政策（英国）：複数の目的の例	140
図5.4.	農業投入財を対象とする政策（日本）：複数の目的の例	141
図5.5.	農業インフラを対象とする政策（アメリカ）：複数の目的の例	142
図5.6.	英国における農業の環境会計	145
図5.7.	一連のルールに基づく効率的な政策メカニズムの枠組み	160

要旨

　本書は、5カ国(オーストラリア、日本、オランダ、英国、アメリカ)の農業環境政策について分析することにより、農業環境公共財の供給と負の農業環境公共財の削減を図るための最適な政策について、その理解を深めることを目的としている。本書では、各国がどのような農業環境公共財を政策対象としているのか、各国はどのように農業環境目標とリファレンス・レベルを設定しているのか、どのような政策を実施し、これらの政策はどの農業環境公共財を対象としているのか、といった点について分析を行う。

　政策対象となっている農業環境公共財や、その優先順位は、各国の歴史、文化、気候、農法等により左右されることから、異なるものとなっている。土壌保全と土壌の質、水質、水量、大気の質、生物多様性の5つの農業環境公共財については、今回ケーススタディとして取り上げた5カ国全てにおいて政策対象とされている。また、気候変動(地球温暖化ガス、炭素貯留)はアメリカを除く4カ国で政策対象とされている。農村景観は、オーストラリアを除く4カ国で政策対象とされている。一方、洪水防止や火災防止等の国土の保全機能については、日本、オランダ、英国においては政策対象とされているものの、オーストラリア、アメリカでは政策対象となっていない。

　農業者は世界最大の自然資源の管理者である。営農形態、農業投入財や農法、そして農業インフラ(要因)が農業環境公共財の供給(環境面での成果)に影響を与えている。ほとんどの農業環境政策は、これらの要因を政策対象としており、環境面での成果そのものを対象に環境面でのパフォーマンスの改善を図る政策は少ない。一般的に、非農業的要因も含め、様々な要因が影

響することとなる環境面での成果そのものを直接政策対象とするよりも、農業環境公共財に影響を与えることとなる要因を政策対象とする方が政策立案は容易であることが多い。場合によっては、実現可能性を踏まえると、こうした要因を対象とすることが、唯一の選択肢であることもある。また、このような政策デザインや手法に関する課題に加えて、各国とも適切なデータを入手し、政策が対象としている要因と環境面での成果との関係性を明らかにすることに苦心している。

　農家は政府の介入がなくても、農業環境公共財を供給することができ、その供給量が需要量と一致する可能性がある。しかし、各国とも農業環境公共財の需要と供給に関する適切なデータ収集に努めているものの、実際に需要量と供給量が一致しているかどうかについては滅多に吟味されない。これは、需要と供給が一致し、市場の失敗が生じていないような場合にも政府が介入している可能性があることを示唆している。言い換えると、政府による過剰介入のリスクが存在している。また、市場の失敗がある場合でも、市場の失敗の程度に関する情報が不足していることから、不十分な、又は不適切な政府の介入が行われている可能性がある。

　政府の介入に関する費用便益分析は技術的に困難なこともあり、一般的に実施されていない。ただし、いくつかの研究は、政府の介入に伴う費用が便益を上回っている可能性があることを指摘している。現在、各国は、農業環境政策の費用対効果を上げるため、各種取組を行っている。

　環境目標とリファレンス・レベルは、農業環境公共財の供給費用を誰が負担すべきか議論する際に有益であるが、これらは多くの場合、明示的に定義されておらず、また、数量化されていない。多くの経済的手法が現在の農法に基づく環境レベルをリファレンス・レベルとして設定していることから、農家が持続可能な農法を取り入れる際に政府は農家に対して支払いをすることとなっている。しかし、場合によっては、農業環境公共財の直接的な受益

者を特定することができることがある。このような場合、受益者に対して供給費用の一部の負担を求めることにより、政府の介入費用及び農家の負担を削減することができる可能性がある。コミュニティ活動や共同行動はこれらの負担を求める際に役に立つことから、費用負担の議論をする際に、これらの組織も議論に参加させるべきである。

多くの農業環境政策（特に農業環境支払い等の経済的手法）が複数の農業環境公共財を政策対象としており、それぞれの農業環境公共財が複数の政策によって政策対象とされている。多くの場合、ある農業環境政策がある農業環境公共財にどの程度対処し、その他の政策がどの程度対処しようとしているのかが不明確である。

農業環境政策は、政策形成の歴史的経緯や、関係省庁、中央・地方政府、利害関係者等複数の関係者が関与することもあり、複雑なものとなっている。最適なポリシーミックスと関係者間の協力体制についての議論は未だ不十分なものとなっている。

主な政策提言

- 各国、各地域において、重要であると考えられている農業生産活動に由来する環境外部性を特定し、それらが非排他性、非競合性を有しており、私的財ではなく、「農業環境公共財」と定義することができるかどうかを確認すべきである。
- 農業がどのように農業環境公共財を供給することができるのかについて調査し、知識と関連データの蓄積を図るべきである。
- 農業環境公共財の需要と供給の分析について、もっと注意を払うべきである。農業環境公共財はローカル、リージョナルあるいはグローバル公共財になりうることから、農業関連の市場の失敗についても、適

切な地理的規模で検討する必要がある。
- 農家が政府の介入がなくても、どの程度自発的に農業環境公共財を供給できるのか明らかにすべきである。環境支払いがなくても環境パフォーマンスを改善している農家に対して環境支払いを行うことを避けるとともに、政策の追加性についても注意を払うべきである。
- 政府の介入、又は政府の非介入に関する便益及び費用の分析に、積極的に取り組むべきである。これらの便益は、可能な限り、採用された具体的な農法に基づいて評価するのではなく、実際に改善された環境面での成果に基づいて評価すべきである。
- あらゆる政府の介入前に、明示的に、かつ適切に定義された環境目標とリファレンス・レベルが必要であり、かつ、農家、納税者、消費者がどの程度費用を負担すべきか、決定する必要がある。
- 農業環境政策の費用対効果を上げるため、農業環境公共財の供給に影響を与える要因に政策のターゲットを絞るべきである。政策の費用対効果を上げるため、農家や農地、地理的条件、営農形態、農業生産投入財、農法、農業インフラ等の多様な特徴を考慮し、具体的な環境目標を明示的に設定すべきである。
- 環境に対して農家は多様な受け止め方を有していることに注意すべきである。農家は環境問題に対して異なる意見を有しており、彼らの優先順位や対策への参加の程度も異なる。農業環境公共財のための総合的な対策を講じる上で、更なる農家行動についての分析が不可欠である。
- 環境面での成果に基づくオークション型環境支払いや生態系サービスへの支払い（PES）といった地方公共団体や民間企業等によって採用されている先進的な取組について研究すべきである。これらの政策の経験を活かすことで、農業環境政策の費用対効果を上げることができる。
- 政策立案者は適切な政策を選択すべきである。その際は、環境面での

効果、経済的な効率性、行政費用や技術的制約、その他の便益や費用、平等性や所得分配等のトレードオフの関係について吟味する必要がある。
- 農業環境公共財を費用対効果が高い方法で供給するため、適切なポリシーミックスを講じるべきである。現在の政策をレビューし、これらの政策が矛盾せず、相乗効果を生み出しているかどうかについて検証することから始めるべきである。

第 1 章

農業環境公共財と外部性

　本章は、本書が焦点を当てる鍵となる質問を整理し、農業環境公共財と外部性を分析するための手法を提示する。そして、農業環境公共財の分析の背景にある理論的な枠組みについて解説する。本書では、「農業生産活動から生じる環境外部性であって非排他性及び非競合性を有しているもの」を「農業環境公共財」と定義する。

はじめに

　農業は食料、飼料、繊維、燃料といった商品を供給するだけでなく、生物多様性、水質、土壌の質といった環境に対して正負の影響をもたらす。これらの公共財のうち、あるもの（例えば農村景観等）は地方公共財であり、またあるもの（例えば炭素貯留等）はグローバル公共財である。OECD（経済協力開発機構）の農業環境指標に関するレポート（OECD, 2013a）によると、農業の環境パフォーマンスは、養分、農薬、エネルギー、水資源管理といった分野で改善している。しかし、同レポートは同時にOECD諸国の中でもいくつかの地域では改善が停滞しており、世界の食料安全保障を確保し、環境パフォーマンスを改善するためには、農家、政策立案者、フードチェーン関係者による更なる努力が必要だとしている。

本書の目的

　本書では、以下の質問について、各国の事例を取りまとめることを通じて、分析を加える。
- どのように各国が農業環境公共財を位置づけているのか。
- どのように農家によって農業環境公共財が供給されているのか。
- どのように各国は農業環境公共財の需要と供給を推計しているのか。農業環境公共財の偶発的な供給量は需要量と一致しているのか。各国は農業環境公共財に関する市場の失敗が存在しているのかどうかについて、検証しているのか。
- 農業環境公共財に関する市場の失敗が存在する場合、誰がこの供給費用を負担すべきなのか。各国はどのように農業環境目標とリファレン

ス・レベルを設定しているのか。
- 農業環境公共財を供給するためにどのような政策が実施され、どの政策によってどの農業環境公共財が対象とされているのか。

　本書の主な目的は2点である。1つ目の目的は、これまでのOECDの理論的なスタディ（ガイドライン等）とOECD諸国の政策とをリンクさせ、農業環境公共財のための優れた政策についての理解を深めることである。本書は、リファレンス・レベル等過去のOECDスタディによって確立された分析の枠組みを実際にいくつかのOECD加盟国に適用し、各国の政策を比較している最初の研究の一つである。もう1つの目的は、OECD加盟国においてどのような農業環境政策がどの農業環境公共財を政策対象としているのかを吟味することによって、農業環境公共財のための優れた政策とポリシーミックスの立案に貢献することである。

分析手法

　上述の主な疑問点について分析するため、本書では農業環境公共財のための政策に関する各国の事例を、文献研究と事例研究を行うことによって分析した。また、当該分析は、OECD加盟国政府、当該分野の専門家から提供された情報や、その他の科学ジャーナル、書籍、インターネット等の情報に基づいている。

　ケーススタディでは、OECD加盟国のうち5カ国（オーストラリア、日本、オランダ、英国、アメリカ）の事例をレビューした。ケーススタディ国は、世界の各地域（アジア・オセアニア、ヨーロッパ、北米）をカバーすることによって、異なる地域の農業や政策をカバーするとともに、様々な農業環境公共財、農業システム、政策を分析することができるようにした。

　本書は、事例研究と文献研究の成果を取りまとめたものである。しかし、

本書では5カ国のケーススタディしか行うことができず、農業環境公共財のための政策の全てを網羅することができなかったことから、その研究成果について全OECD加盟国に当てはまるとは限らないことについて留意する必要がある。

農業環境公共財の理論的枠組み

農業は環境に対して正負の影響をもたらす。これらの農業生産活動から生じる環境外部性は非競合性及び非排他性といった特徴を有していることがある（OECD, 1999, 2013b）。ある財が非排他性と非競合性の2つの基準を満たす場合、当該財は「公共財」と定義することができる（Samuelson, 1954; 1955）。

- 非排除性：ある財について、誰も当該財を消費することから排除されない性質。
- 非競合性：ある財について、他者が消費する機会を減少させることなく、誰もが同時に当該財を消費することができる性質。

農業生産活動から生じる環境外部性は、非競合性と非排他性の程度に応じて、純粋公共財、共有資源（Common Pool Resources: CPR）、クラブ財、私的財の4つの財に分類することができる。

農業生産活動から生じる環境外部性のうち一部は、私的財として取り扱うことができる。この場合、政府の直接的な介入は必ずしも必要ない。例えば、ある農村景観が特定の訪問者に対してのみ供給されるような場合、当該訪問者が農村景観の供給費用を負担することができるかもしれない（OECD, 2005）。したがって、農業生産活動から生じる環境外部性が、公共財（準公共財を含む）としての性格を有しており、本書の「農業環境公共財」として位置づけることができる場合に、農業環境政策の対象となりうる。**表1.1.**は

表 1.1. 農業環境公共財の分類 [1, 2]

		競合性	
		低い	高い
排他性	困難	純粋公共財 • 生物多様性（非利用価値 [5]） • 農村景観（非利用価値） • 洪水防止 • 土すべり防止	共有資源 [3] • 生物多様性（利用価値 [4]） • 水質/水量 　　　農業環境公共財
	易しい	クラブ財 • 生物多様性（クラブ会員以外に排他的である場合）	私的財 • 農産物 • 農村景観（訪問者による利用価値を訪問者のみに限定することができる場合）

1. 上記表に掲げてある例は主な例を挙げているだけであり、全ての例を網羅しているわけではない。状況次第で、同じ財が私的財（競合的かつ排他的な財）や公共財になる。また、環境被害をもたらす場合は、負の私的財や負の公共財になりうる（Kolstad, 2011）。このため、それぞれの事例や状況において、注意深く検証する必要がある。
2. ケーススタディ国において政策対象とされている農業環境公共財は第2章で議論する。また、ボックス2.1.では各公共財に関する追加的な情報を提供している。
3. 共有資源は飽和点又は混雑点に達するまで非競合的な便益を供給する。ただしこの点を超えた場合、共有資源のサービスは非常に競合的になる。
4. 利用価値とは、i）実際の利用に関連した価値、ii）不確定な将来の選択を行うことができる価値（オプション価値）を指す。
5. 非利用価値とは、i）人間が「資源の存在」という単純な事実に対して認める価値、ii）人間が将来世代のために資源を維持する可能性に対して認める価値を指す。

出典：OECD（2001）, *Multifunctionality: Towards an Analytical Framework*, OECD Publishing, Paris（OECD 著、空閑信憲、作山巧、菖蒲淳、久染徹訳（2001）『OECD リポート　農業の多面的機能』食料農業政策研究センター）及び Hess, C. and E. Ostrom (eds.) (2007), *Understanding Knowledge as a Commons: From Theory to Practice*, MIT Press, Cambridge に基づき作成した OECD（2013b）, *Providing Agri-environmental Public Goods through Collective Action*, OECD Publishing, Paris. doi: 10.1787/9789264197213-en.（OECD 編、植竹哲也訳（2014）『農業環境公共財と共同行動』筑波書房）に基づき作成。

農業環境公共財の例を示している。

しかし、農業環境公共財は必ずしも望ましいものとは限らない。すなわち、負の影響をもたらすことがある（OECD, 1992; Mas-Colell et al., 1995）。非競合性及び非排他性を有する財が人々の望まない負の影響をもたらす場合は、「負の公共財」という用語が使われることがある（Mas-Colell et al., 1995; Dwyer and Guyomard, 2006; Kolstad, 2011）。農業は負の農業環境公共財

も生み出す。負の農業環境公共財の供給量を社会的に望ましい量にまで削減することは重要な政策課題の1つである。

　この公共財（負の公共財）の理論的な分類は有益であるものの、農業環境政策を立案するためには、それぞれの国でどの農業環境公共財が供給（及び負の農業環境公共財が削減）されているのかを理解する必要がある。これは、国によって、何が公共財（負の公共財）であるのかの理解が異なっており、また、その重要性もOECD国間で異なるためである（OECD, 2012）。第2章から第5章において、本書でカバーしている5カ国の農業環境公共財と政策について取りまとめを行い、これらの点について分析する。公共財と外部性の理論についてのより詳細な解説はボックス1.1を参照されたい。

ボックス1.1. 外部性と公共財の理論

外部性

　「外部性」は、生産又は消費に関するある者の意思決定が、その意志決定の際に考慮されない他者に対して影響を及ぼす場合に発生する。ある人の行動が他者に正の影響を及ぼす場合は、「正の外部性」と定義される。養蜂業者がハチミツ生産の予期しない効果として、近隣の農家たちに授粉サービスを提供し、これらの近隣農家たちが受益する事例は、正の外部性の典型的な例である。正の外部性に関する別の例としては、牧草地による動物の放牧が挙げられる。多くの人はそうした動物を観賞することを楽しみ、動物が農村景観の価値の向上につながっていると考える。しかし、動物がいつ、どのように放牧されるかは、農家が自らの生産計画の中で決定することとなる（OECD, 2013b）。

　外部性が影響を受けた人の効用を減少させる場合は、それは「負の外

部性」と定義される。負の外部性の典型的な例は各種の汚染である。農業は、肥料や農薬、あるいは持続不可能な農法の使用の結果として、水質汚染や土壌侵食等の負の外部性を生じさせる場合がある（OECD, 2013b）。

公共財

　「純粋公共財」とは、「非排除性」と「非競合性」という2つの基準を満たしている財のことである（Samuelson, 1954, 1955）。ただし現実には、両方の基準を完全に満たす生産物はほとんど無く、多くの生産物はある程度、排除性や競合性を有しているのに過ぎない（Cooper他, 2009; OECD, 2013b）。「私的財」（完全な競合性、排除性を有する財）や、「純粋公共財」（完全な非競合性、非排除性を有する財）のいずれでもない財は「準公共財」と呼ばれる。準公共財は、排除可能性と競合性の程度に応じてさらに2つの主なグループ（「共有資源」と「クラブ財」）に分類することができる。

　農業生産活動から生じる多くの環境外部性が非排他性及び非競合性を有している。したがって、農業生産活動から生じる環境外部性の多くは、同時に、公共財（純粋公共財、共有資源、クラブ財）でもある（OECD, 1999, 2013b; Kolstad, 2011; Laffont, 1988）。しかし、外部性の一部は私的財であることから、全ての外部性が公共財であるわけではない（Dwyer and Guyomard, 2006）。

　私的財については、価格が市場参加者に対して財がどの程度の価値を有しているのかを伝えることができ、この価格は生産者に対して利潤を最大化するためにはどれだけの量を生産すべきかを伝えることができる。農業生産活動から生じる環境外部性の一部は、私的財として取り扱うことができる。この場合、政府の直接介入は必要ない可能性がある。例え

ば、ある農村景観が特定の訪問者に対してのみ供給されるような場合、当該訪問者が農村景観の供給費用を負担することができるかもしれない（OECD, 2005）。

純粋公共財

　純粋公共財の供給にはフリーライダー（ただ乗り）の問題が伴う。純粋公共財の供給者は、代金を支払わずにその便益を享受しようとする人間を排除することができない。このため、個人が商業ベースで純粋公共財を供給することは困難である。市場は公共財を十分供給することができる場合もあるが、多くの場合、公共財の供給は過小供給となる（Kolstad, 2011）。したがって、通常は政府がそうした財の供給に重要な役割を果たすこととなる（OECD, 2013b）。

共有資源

　共有資源とは、競合性を有する（使用により数量が減少する）が、他者による消費を排除することが困難（非排除性）な財のことである。これは過剰開発のリスクに繋がるものであり、こうした状況は「コモンズの悲劇」として知られている（一例としてHardin, 1968を参照）。例えば、牛飼いはできるだけ多くの牛を放牧したいと考えているため、共有の牧草地はやがて資源が枯渇するおそれがある（OECD, 2013b）。このような場合、過剰開発を防止するための政府の役割としては、コミュニティのメンバー間の対話を促進させること、コミュニティ内のルールを設けることにより、共有資源について管理を支援することが考えられる（OECD, 2003, 2013b）。もし、共有資源について財産権を確立し、メンバーに対してのみその使用を認めることができるような場合は、共有資源をクラブ財として扱うことができる。例えば、フランスでは、コミ

ュニティ内の狩猟協会と狩猟会社が、共有資源をクラブ財に変換させることにより、共有資源の管理を適切に行っている例がある。これらの協会による調整の結果、フランス国内では、狩猟は協会のメンバーに限定されている。

共有資源の所有者がいない場合、排除システムが存在せず、資源へのフリーアクセスを防止するのが困難である。こうした共有資源は「オープンアクセス資源」と呼ばれることもある。

クラブ財

クラブの非会員はクラブ財を消費することができない(排除性)。一方、クラブ会員は過剰な混雑や財の劣化を引き起こすようなリスクを生じさせない限り、競合性を生じさせることなく（非競合性）、クラブ財を消費することができる。クラブ財の一例として、ある地域や水路において、排他的な狩猟権を有する狩猟者の共同体が、費用を負担して当該地域や水路の野生生物を保護し、非会員による野生生物の狩猟や観賞を排除する場合が挙げられる。このような場合、政府の役割は、クラブがクラブ会員に対して費用を請求することができるよう財産権を設定することや、非営利法人（NPO）が効率的に活動できるような仕組みを構築すること、規制の枠組みを設定すること、知識を提供することなどにより、クラブの設立を促す仕組みを構築することが考えられる（OECD, 2003; 2013b）。

「有料財（Toll Goods）」という用語も、排除性と非競合性を有する財を指す用語として使用されることがある。これは、「クラブ財」という用語が有料道路等、排除性と非競合性を有する一部の財について使用された場合に誤解を招く可能性があるからである。有料道路を利用する際に利用者は料金を支払うが（すなわち彼らは排除されうる）、こうした

利用者は有料道路のクラブ会員ではない。また、国立公園で入場料金の支払いを求められる場合も有料財の例ということができる。

　純粋公共財と準公共財で、政府の介入の程度は異なる可能性がある。例えば、共有資源については、資源管理のためのルール作りが必要であり、政府はこのための技術的な情報提供や支援を行うことができる。また、クラブ財については、クラブの設立に必要な組織に関する支援として法律措置を講じることが考えられる。一方、純粋公共財については、農業環境支払いが必要となる可能性がある（OECD, 2003; 2005; 2013b）。

負の公共財

　公共財は必ずしも望ましいものとは限らない。すなわち、負の影響をもたらすことがある（OECD, 1992; Mas-Colell et al., 1995）。非競合性及び非排他性を有する財が人々の望まない負の影響をもたらす場合は、「負の公共財」という用語が使われることがある（Mas-Colell et al., 1995; Dwyer and Guyomard, 2006; Kolstad, 2011）。この場合、「非排除性」とは、誰しも負の影響を避けることができないことを意味し、また、「非競合性」は、同じ負の影響について、誰しもその他の人の負の影響を受ける機会を減少させることなく、当該負の影響を受けることとなることを意味する。同様に、非排他性及び非競合性の程度に応じ、「負の準公共財」も存在する（Kolstad, 2011）。

　パレート最適な負の公共財の供給量は、個々の消費者の限界被害を全人口分合計したものと汚染削減の限界費用が一致する点である（Kolstad, 2011）。農業は負の農業環境公共財も生み出す。負の農業環境公共財の供給量を社会的に望ましい量にまで削減することは重要な政策課題の１つである。

　ある与えられたゴールや目標にとって、行動の結果、ある環境レベル

以上の環境面での結果を上げることができれば「便益」であり、当該環境レベル以下の結果となれば「損害」となる。環境便益又は損害は、ある環境レベルとの相対的なレベルで判断されるものであり（OECD, 1997)、この環境レベルは国や地域の状況に応じて異なりうるものである。

参考文献

Cooper, T., K. Hart and D. Baldock (2009), *The Provision of Public Goods through Agriculture in the European Union*, report prepared for DG Agriculture and Rural Development, Contract No 30-CE-023309/00-28, Institute for European Environmental Policy, London.

Dwyer, J. and H. Guyomard (2006), "International Trade, Agricultural Policy Reform and the Multifunctionality of EU Agriculture: A Framework for Analysis," in *Trade Agreements, Multifunctionality and EU Agriculture*, Centre for European Policy Studies, Brussels.

Hardin, G. (1968), "The Tragedy of the Commons," *Science*, Vol.162, pp.1243-1248.

Hess, C. and E. Ostrom (eds.) (2007), *Understanding Knowledge as a Commons: From Theory to Practice*, MIT Press, Cambridge.

Jones, J., P. Silcock and T. Uetake (2015), "Public Goods and Externalities: Agri-environmental Policy Measures in the United Kingdom", *OECD Food, Agriculture and Fisheries Papers*, No.83, OECD Publishing,Paris. DOI: http://dx.doi.org/10.1787/5js08hw4drd1-en

Kolstad, C.D. (2011), *Intermediate Environmental Economics: International Second Edition*, Oxford University Press, New York.

Laffont, J.J. (1988), *Fundamentals of Public Economics*, The Massachusetts Institute of Technology, Cambridge.

Mas-Colell, A., M.D. Whinston and J.R. Green (1995), *Microeconomic Theory*, Oxford University Press Inc., Oxford.

OECD (2013a), *OECD Compendium of Agri-environmental Indicators*, OECD Publishing, Paris. DOI: http://dx.doi.org/10.1787/9789264186217-en.

OECD (2013b), *Providing Agri-environmental Public Goods through Collective Action*, OECD Publishing, Paris. DOI: http://dx.doi.org/10.1787/9789264197213-en.（OECD編、植竹哲也訳（2014）『農業環境公共財と共同行動』筑波書房）

OECD (2012), *Evaluation of Agri-environmental Policies: Selected Methodological Issues and Case Studies*, OECD Publishing, Paris. DOI: http://dx.doi.org/10.1787/9789264179332-en.

OECD (2005), *Multifunctionality in Agriculture: What Role for Private Initiatives?*, OECD Publishing, Paris. DOI: http://dx.doi.org/10.1787/9789264014473-en.

OECD (2003), *Multifunctionality: The Policy Implications*, OECD Publishing, Paris. DOI: http://dx.doi.org/10.1787/9789264104532-en.（OECD著、荘林幹太郎訳（2004）『農業の多面的機能―政策形成に向けて（OECDレポート）』家の光協会）

OECD (2001), *Multifunctionality: Towards an Analytical Framework*, OECD Publishing, Paris. DOI: http://dx.doi.org/10.1787/9789264192171-en.（OECD著、空閑信憲、作山巧、菖蒲淳、久染徹訳（2001）『OECDリポート　農業の多面的機能』食料農業政策研究センター）

OECD (1999), *Cultivating Rural Amenities: An Economic Development*

Perspective, OECD Publishing, Paris. DOI: http://dx.doi.org/10.1787/9789264173941-en.（OECD著、吉永健治、雑賀幸哉訳（2001）『ルーラルアメニティ―農村地域活性化のための政策手段』家の光協会）

OECD（1997），"Environmental Benefits from Agriculture: Issues and Policies", OECD General distribution document, Paris.

OECD（1992），*Agricultural Policy Reform and Public Goods*, OECD Publishing, Paris.

Pannell, D. and A. Roberts（2015），"Public Goods and Externalities: Agri-Environmental Policy Measures in Australia", *OECD Food, Agriculture and Fisheries Papers*, No.80, OECD Publishing, Paris. DOI: http://dx.doi.org/10.1787/5js08hx1btlw-en

Samuelson, P.A.（1955），"Diagrammatic Exposition of a Theory of Public Expenditure", *Review of Economics and Statistics*, Vol.37, pp.350-356.

Samuelson, P.A.（1954），"The Pure Theory of Public Expenditure", *Review of Economics and Statistics*, Vol.36, pp.387-389.

Schrijver, R. and T. Uetake（2015），"Public Goods and Externalities: Agri-environmental Policy Measures in the Netherlands", *OECD Food, Agriculture and Fisheries Papers*, No.82, OECD Publishing, Paris. DOI: http://dx.doi.org/10.1787/5js08hwpr1q8-en

Shortle, J. and T. Uetake（2015），"Public Goods and Externalities: Agri-environmental Policy Measures in the United States", *OECD Food, Agriculture and Fisheries Papers*, No. 84, OECD Publishing, Paris. DOI: http://dx.doi.org/10.1787/5js08hwhg8mw-en

Uetake, T.（2015），"Public Goods and Externalities: Agri-environmental Policy Measures in Japan", *OECD Food, Agriculture and Fisheries Papers*, No. 81, OECD Publishing, Paris. DOI: http://dx.doi.

org/10.1787/5js08hwsjj26-en（植竹哲也著、植竹哲也訳（2016）『共同行動と外部性：日本の農業環境政策』筑波書房）

第 2 章

主な農業環境公共財と農業生産活動を通じた供給

　本章では、各国がそれぞれどのように農業環境公共財を位置づけ、それが公共財を対象としている政策選択にどのように影響を与えるのかについて検証する。様々な要因（営農形態、農法、農業投入財、農業インフラ）が環境面での成果（農業環境公共財の供給）に影響を与えている。複数の農法や農業環境政策が農業環境公共財に対して異なる方法で異なる程度の正負の影響をもたらす。本章では、農業と農業環境公共財の供給との関係について、より深く理解することが重要であることを示す。

主な農業環境公共財の概要

　表2.1.はオーストラリア、日本、オランダ、英国、アメリカで政策対象とされている農業環境公共財（負の公共財）を取りまとめたものである[1,2]。表2.1.に掲げられている農業環境公共財の詳細については、**ボックス2.1.**を参照されたい。

　Vojtech（2010）では、土壌保全と土壌の質、水質、大気の質、気候変動（地球温暖化ガス）、生物多様性、農村景観のみが、農業環境公共財（負の公共財）として取り上げられていた。しかし、本書は、その他の農業環境公共財（水量、炭素貯留、国土の保全）も複数のOECD加盟国で政策対象となっていることを明らかにしている。

　農業環境公共財（負の公共財）の政策対象領域は、市民の関心や農業環境政策の発展状況に応じて異なる。歴史的には、農業環境政策は、市民による環境保全に対する要求の高まりと、農業が環境に対してリスクをもたらすおそれがあることを市民が認識したことをきっかけに誕生した。まず、土壌、水、大気の質が農業汚染によって影響を受けることが明らかになったことから、これらが政策対象となった。例えば、1930年代にアメリカ及びカナダのグレートプレーンズで発生した「ダストボウル（Dust Bowl）」の結果、土壌保全のためのプログラムが次々と導入された（Shortle and Uetake, 2015）。その後、生物多様性や気候変動などについても関連政策が実施され、近年では、2007年に発行されたIPCC（気候変動に関する政府間パネル）レポート（IPCC, 2007）において、炭素貯留が気候変動の緩和に大きく貢献することができる可能性を有していることが指摘されたことを受け、炭素貯留が大きな関心を集めている。

　OECD諸国において農業と環境に対する市民の関心や受け止め方は異なる。

表 2.1. 5 カ国で政策対象となっている農業環境公共財 [1, 2]

	オーストラリア	日本	オランダ	英国	アメリカ
土壌保全と土壌の質	XX	X	X	XX	XX
水質	XX	X	XX	XXX	XXX
水量	XXX	XX	X	X	X
大気の質	X	X	XX	XX	X
気候変動－地球温暖化ガス	X	XX	XX	XX	NA
気候変動－炭素貯留	X	X	XX	XX	NA
生物多様性	XXX[4]	XX	XXX	XXX	XXX[5]
農村景観	NA	XX	XXX	XXX	X
国土の保全 [3]	NA	XXX	XX	X	NA

1. NA は実施されていない又はごくわずか。X は重要性が低い。XX は重要性が中程度。XXX は重要性が高い。
   農業環境公共財の重要度はそれぞれの国の優先順位に基づく。本表は農業環境公共財の重要性についての各国間の比較を行うことを目的としたものではない。
2. 第 1 章で解説したとおり、これらの財は常に公共財であるわけではない。これらの財は私的財（例えば、利用価値を有する農村景観が特定の訪問者に対してのみ供給されるような場合は私的財になりうる。）や、環境被害をもたらす場合は、負の私的財や負の公共財になりうる（Kolstad, 2011）。このため、それぞれの事例において、これらの財が非競合性及び非排他性を有しているかどうかを注意深く検証する必要がある。
3. 国土の保全は、洪水、火災、雪害、地すべり等の防止機能を含む。
4. オーストラリアの生物多様性は、農業生産活動の一環として供給されるものではなく、農地内に存在する原生植物に焦点が当てられている（Pannell and Roberts, 2015）。
5. アメリカの生物多様性は、湿地帯や野生動物の生息地の保護に焦点が当てられている（Shortle and Uetake, 2015）。

出典：Pannell, D. and A. Roberts（2015）*Public Goods and Externalities: Agri-environmental Policy Measures in Australia*, Uetake, T.（2015），*Public Goods and Externalities: Agri-environmental Policy Measures in Japan*（植竹哲也著、植竹哲也訳（2016）『公共財と外部性：日本の農業環境政策』）, Schrijver and Uetake（2015），*Public Goods and Externalities: Agri-environmental Policy Measures in the Netherlands*, Jones et al., （2015），*Public Goods and Externalities: Agri-environmental Policy Measures in the United Kingdom*, and Shortle and Uetake（2015），*Public Goods and Externalities: Agri-environmental Policy Measures in the United States*.に基づき、OECD 事務局が作成。

このため、政策対象となっている農業環境公共財（負の公共財）も異なる。例えばアメリカでは、地球温暖化ガスは近年連邦政府による規制の対象となったものの、農業由来の地球温暖化ガスはまだ規制対象となっていない。炭素貯留もまた、政治的な関心は高いものの、まだ政策対象とはなっていない（Shortle and Uetake, 2015）。

　ケーススタディ国の各農業システムも、政策対象となっている農業環境公共財（負の公共財）と関連している。日本においては、農地の多くが水田であることから、水田に関連する農業環境公共財が重要なものとなっているが、他国においてはそうではない。水田と水路は洪水防止機能、火災に備える防火用水や豪雪時に除雪した雪を溶かす消流雪用水といった機能を有し、自然災害の防止に貢献している（Uetake, 2015）。自然災害の防止は、英国とオランダにおいても農業環境公共財として位置付けられている。英国においては、洪水や火災の一部は適切な放牧管理によって防ぐことができるとともに、このような管理は土壌浸透性や地下水の貯留量を改善することもできるとされている（Jones et al., 2015）。また、オランダでは、地下水面の管理を通じた農村地域の水源かん養機能を活用することにより、洪水リスクの低減が図られている（Schrijver and Uetake, 2015）。

地方公共財とグローバル公共財

　農業環境公共財（負の公共財）の地理的規模については、地方公共財からグローバル公共財に至るものまで様々である。図2.1.はケーススタディ国で政策対象とされている農業環境公共財とその地理的規模について非常に単純化した関係を図示している。古くから農業環境公共財として政策対象とされてきた土壌、水、大気の質といったもののほとんどは地方公共財である一方、比較的近年政策対象となった生物多様性、気候変動等の農業環境公共財はグ

図 2.1. 農業環境公共財とその地理的規模

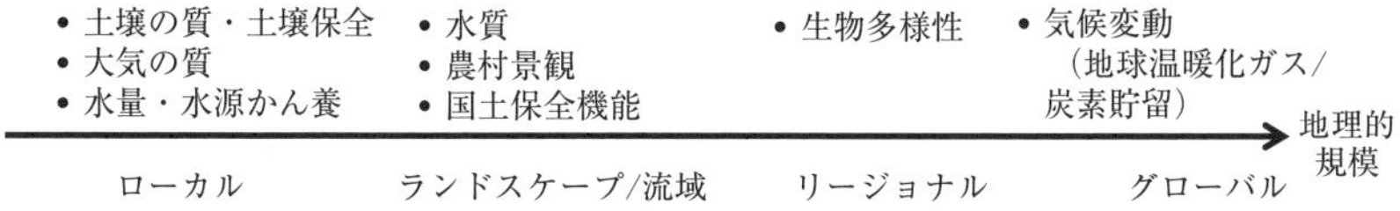

・土壌の質・土壌保全 ・大気の質 ・水量・水源かん養	・水質 ・農村景観 ・国土保全機能	・生物多様性	・気候変動 （地球温暖化ガス/ 炭素貯留）	地理的 規模
ローカル	ランドスケープ/流域	リージョナル	グローバル	

1．本図は非常に単純化した図であり、各農業環境公共財（負の公共財）が必ずしも上記の分類に区分されるとは限らない。実際の状況に応じて、当該農業環境公共財の地理的規模は変わりうる。

出典：Kerkhof, A., et al.（2010）, "Valuation of Environmental Public Goods and Services at Different Spatial Scales: A Review", *Journal of Integrative Environmental Sciences.*に基づきOECD 事務局作成。

ローバル公共財であることがわかる。Kerkhof et al.（2010）は117に及ぶ環境に関する事例を分析し、それらをローカル、ランドスケープ・流域、リージョナル、グローバルの4つのレベルに分類している。そして、ほとんどの事例がローカルレベル又はランドスケープ・流域レベルの事例であるが、近年、リージョナルレベル、グローバルレベルの事例が増加傾向にあることを明らかにしている。

地方公共財とグローバル公共財（負の公共財）では異なるアプローチが必要となる。地方公共財については、農業環境公共財の生産者と消費者を特定することが比較的容易であり、両者の交渉を通じて市場の失敗を克服するための解決策を見い出すことができる可能性がある。例えば、農家は地域の河川を汚染したり、悪臭を発生させたりすることもあるが、農家と地域のコミュニティ間での交渉を通じて、水質や大気の質の改善を図ることができるかもしれない。

他方、地球温暖化ガスや炭素貯留といったグローバル公共財については直接的な交渉を行うことが難しい。これらのグローバル公共財の供給レベルは地域の様々な状況によって大きく左右されるが、その需要はグローバルなものとなっている。

公共財の地理的規模と排他性も関連している。一般的に、地理的規模が大

きくなればなるほど、排他性を確保する仕組みを構築することが難しくなる。これはすなわち、グローバル公共財は純粋公共財であることが多いことを意味している。

以下の議論では、農業生産活動から生じる環境外部性であって、非競合性、非排他性を有するものは単に「農業環境公共財」と呼ぶこととする[3]。

ボックス2.1. 農業環境公共財の主な特徴

OECDケーススタディ国においては、9つの農業環境公共財が政策対象となっている（ただし、全ての農業環境公共財が全てのケーススタディ国において政策対象となっているわけではない）。これら9つの農業環境公共財とは、土壌保全と土壌の質、水質、水量、大気の質、気候変動（地球温暖化ガス、炭素貯留）、生物多様性、農村景観及び国土の保全（洪水防止、火災防止等）である。

農業環境公共財の中には相互に関連しているものもある。例えば、よい土壌は生物多様性、水質、大気の質を高める効果がある。また、よい水質は、生物多様性や景観にも有益である。

ただし、これらの財は常に公共財であるわけではない。このため、これらの財が非競合性、非排除性を有しているかどうかについて、それぞれの事例毎に注意深く分析する必要がある。しばしば、これらの財は私的財として取り扱うことができる場合もある（例えば、利用価値を有する農村景観が特定の訪問者に対してのみ供給されるような場合は私的財になりうる。）。このボックスでは、これらの農業環境公共財の主な特徴について概説する。

土壌保全と土壌の質

農業はその生産を土壌に依存しており、土壌の質と機能に対して影響

をもたらす。主な土壌の質の内容は、土壌中の有機物質や土壌汚染に関するものである。また、過剰な、あるいは不適切な農薬の使用は、土壌の質の悪化を招くだけでなく、健康被害を引き起こすおそれがある。一方、適切な管理手法を取り入れることによって、これらの問題を改善することができる（Vojtech, 2010）。

多くのOECD各国において、土壌浸食は主な農業環境問題の1つである（Vojtech, 2010; OECD, 2013）。土壌浸食のリスクは、雨、流水、風などの自然的な要因からも生じるが、土壌浸食しやすい農地の耕作や過剰耕起などの農地の耕作によっても生じる（Vojtech, 2010）。土壌浸食に対しては、主に、耕地を草地に転換したり、粗放的放牧を実施したり、不耕起又は低耕起栽培といった農業生産工程管理（Good Agricultural Practice: GAP）を行うことによって対処している（Vojtech, 2010; OECD, 2013）。また、土壌の質については、有機物質の含有量、浸食にさらされやすい程度、土壌中の成分や土壌の浸透性、微生物や汚染の状態等様々な指標によって判断することとなる（Cooper et al., 2009）。

土壌は私的財と公共財の双方の性格を有していることから、実際に公共財となるかどうかについては注意深く検証する必要がある。土壌は私的管理下にあり、その質の向上は農家に対して私的な便益をもたらす。通常、これらの私的便益は当該農家に排他的に帰属し、また、質の良い土壌は競合関係にあることから、土壌は私的財となる。

しかし、農家は農薬や肥料の過剰使用、又は不適切な農法によって一時的に生産性を最大化させようとする誘惑に駆られることがある。その結果、土壌の質の供給レベルの低下を招き、将来にわたって土壌の機能性を奪い取ってしまうことになりかねない（Cooper et al., 2009）。しばしば、このような性質を有する公共財は「異時点間の公共財

(intertemporal public goods)」と呼ばれる（Gerber and Wichardt, 2013）。また、土壌汚染や土壌浸食の防止は、環境だけでなく、人間の健康上も重要である。さらに、土壌保全は、生物多様性、水質、大気の質、炭素貯留のように農場外にも様々な便益をもたらす。これらの将来価値、土壌の質に伴う農場外への影響、土壌関連の価値は非排他性及び非競合性を有していることがある。このため、土壌そのものは農家の私的な土地として保有・管理されているものの、その保全と土壌の現在及び将来のための質の確保は公的関心事項であり、公共財となり得る。

水質

農業は水質に影響を及ぼす。農法や農業投入財は沈殿物、養分、バクテリアを含む様々な汚染物質を通じて、水質を悪化させるおそれがある（Ribaudo et al., 2008）。農業由来の水質汚染の特徴の1つは、都市型の点源汚染と異なり、汚染が地域全体に広がっていることである（非点源汚染）。しかし、集約型の畜産業は点源汚染の1つである（OECD, 2013）。水質の主な内容は、例えば、塩化、富栄養化、水質汚染等に関するものであり、これらは一般的には非競合性、非排他性を有している。

農家は養分、農薬、沈殿物、その他の汚染物質の河川等への流出量を減らすための農業生産工程管理を取り入れることにより、水質を改善させることができる（Ribaudo et al., 2008）。きれいな水は、農業やその他の部門の経済便益を確保するとともに、人間の健康の確保、貴重な生態系の維持、水系に関連するレクリエーション、文化的な価値の供給を図る上で非常に重要である（OECD, 2012; 2013）。水質関連の便益は非競合性、非排他性を有し得る。

水量

　農業は水の最大の利用部門の1つである（OECD, 2010a; 2013）。農業はOECD加盟国の全淡水利用の44％（2008-10）を占めている。しかし、当該シェアは国によって大きく異なる（日本66％、オーストラリア52％、アメリカ40％、英国15％、オランダ1％）（OECD, 2013）。

　水は限られた資源である。水は競合するが、非排他性を有しているかもしれない財、すなわち、共有資源である場合がある。将来の水需要に対する圧力を低減させ、水の継続的な供給を確保し、農業分野における水の効率的な利用の促進を図ることは重要である。このため、多くのOECD諸国において、農業分野における水使用可能量や環境目的のための保存量等を決めるための各種規制措置が講じられている（Vojtech, 2010）。このような仕組みによって、ある程度、水資源をクラブ財（排他的であり、一定程度までは非競合的である財）に転換することができる。

　農業の水使用の規制に加えて、一部の国では、農業による地下水の水源かん養機能を向上させるための取組が行われている。例えば、日本では、水田により、地下水の約20％がかん養されているという推計が存在する（三菱総合研究所, 2001）。水田で使用された水は土壌を浸透し、地下水となって社会全体に便益をもたらす。

大気の質

　大気の質は、通常、全ての人に影響を与える（非競合的かつ非排除性を有する）ことから、公共財である。農業は、地球温暖化ガスだけでなく、アンモニア、悪臭、農薬等様々な物質を排出し、大気の質に対して影響を与える（Ribaudo et al., 2008; OECD, 2013）。農地の耕作は風によって土壌や農薬を大気中に放出し、また、家畜はアンモニアや悪臭を排出する。これらの汚染物質は特に人口密集地域における健康被害を

引き起こしたり、視界の悪化につながる（Ribaudo et al., 2008）。一方、農業は農業生産工程管理を見直すことによりこれらの物質の排出量を減らし、大気の質を改善させることができる（Ribaudo et al., 2008; Cooper et al., 2009）。

気候変動

　ほとんどの大気の質に関する問題は地域の問題（地方公共財）であるが、気候変動は地球全体に影響を与える（非競合性及び非排他性がある）重要なグローバル問題である（グローバル公共財）。農業は地球温暖化ガスの純排出者であるが、様々な農法を通じて炭素貯留量を増加させ、地球温暖化ガスの排出量を削減することができる。

地球温暖化ガス

　一酸化二窒素（N_2O）、メタン（CH_4）、二酸化炭素（CO_2）等の地球温暖化ガスが、無機肥料やたい肥の使用、農業機械や家畜の飼育等によって排出されている。全体を概観すると、OECD諸国における全地球温暖化ガス排出量のうち、農業由来のものは2008年～10年で8％を占めている。しかし、一酸化二窒素、メタンについては、それぞれ、75％、38％を占めている（OECD, 2013）。

　家畜排せつ物の処理方法の見直しや、より効率的な肥料の投入、土壌耕起方法の見直し等の農法を取り入れることによって、一生産物生産当たりの地球温暖化ガス排出量を削減することができる。

炭素貯留

　農業は炭素を土壌中に貯留することができ、地球温暖化ガスの排出をオフセットする（相殺させる）ことができる。土壌に炭素を貯留させる

ためには、土壌中の炭素の減少量を最小化させるとともに、その吸収量を高めることが重要である（Cooper et al., 2009）。どの程度土壌中に炭素を貯留させることができるかどうかについては、土壌のタイプ、湿度、植生状況や耕起方法等様々な要因に左右される（Trumper et al., 2009）。

　IPCC（気候変動に関する政府間パネル）は気候変動緩和策として、炭素貯留が大きな貢献をすることができる可能性があると指摘している（IPCC, 2007）。例えば、耕地や草地において保全耕起（conservation tillage）を実施することにより、炭素を大量に土壌中に貯留させることができる可能性を指摘している研究が複数ある（例えば、Lewandrowski et al., 2004）。最近のOECDレポートでは、環境市場において複数の環境便益に関するクレジットの設定を認める（stacking）ことを取り上げており、その中で炭素関係の政策について検討している（Lankoski, 2015）。

生物多様性
　生物多様性とは、生き物の多種性とそれらの複雑な生態系をいう。人間の活動は生物多様性に大きな影響をもたらす（Vojtech, 2010）。「農業生物多様性」は、その生存、バイオテクノロジーの利用、そして大きく変化を加えられた陸上生態系に至るまで、人の手による一連の農業生産システムを通じてその多くが人工的に作られ、維持され、管理されているという点でその他の生物多様性とは大きく異なるものとなっている。この点において、農業生物多様性は、その多くが自然の進化の過程で誕生し、それ自体にほとんどの価値がある「自然」の生物多様性の対称にあるものである（OECD, 2008; 2013）。OECD（2013）は農業生物多様性を次のとおり定義している。

- **遺伝子の多様性**：栽培植物、家畜品種やその野生関連種における遺伝子の数。
- **種の多様性**：農業生産活動に依存する、又は影響を受ける野生種（土壌生物多様性を含む）の数と総量及び非原生種が農業と生物多様性にもたらす効果。
- **生態系の多様性**：農業生態系の構成要素である人の手が加えられた種の数、原生種の数及び気候等の非生態系環境。これらの生態系は、森林、水系、ステップ（steppe）、山岳、都会等の生態系とは異なるものである。農業生態系は、ある地域に特有の様々な生息地から構成されている。これらの生息地では、生態系が極めて同質的であり、また、生態系は粗放的な放牧地や果樹園などの耕地と、湿地帯等農業システム内の非耕地から構成されている。

　農業生物多様性は、利用価値と非利用価値の双方を有している。利用価値は競合的かつ排他的なものとなり得るが、非利用価値は非競合性と非排他性を有しており、公共財となり得る。

　多くの農地は私有地であることから、政府は農家との協力なしでは野生生物の効果的な管理を行うことができない。OECD諸国は様々な政策を取り入れ、植物と家畜の遺伝資源に依存している農業生産活動と、生物多様性に対する負の影響を削減することの両者の妥協点を模索している（Vojtech, 2010）。

農村景観

　人間と自然の長い歴史の中で、農村景観が作り上げられ、この景観はいくつかの国では高く評価されている。また、一部の農村景観は費用を負担する農業者に対して排他的に供給されうるものの（OECD, 2005）、これらの便益は多くの場合、非競合性と非排他性を有している。農村景

観に関する目標は、特定の場所に応じた個別具体的なものから、より一般的なものに至るまで幅広いものとなっており、また、多種多様な政策によってもその目標は異なるものとなっている。何世紀にもわたって文化的景観が農業によって作り上げられてきた日本、オランダ、英国において、主に農村景観に対する対策が実施されている。また、アメリカにおいても、農村景観が環境目標の1つになりつつある。農村景観の構成要素としては、樹木、生け垣、石垣、池、湿地帯等が含まれる（Vojtech, 2010）。

例えば、日本では人と農業との歴史的な交わりの中で、里山景観が作られた（Uetake, 2015）。農村景観と農業生物多様性は日本では広く重要なものとして受け止められている。日本の生物多様性の中には、手つかずの原生的な環境に関するものに加えて、人の手が加えられた自然環境の中で発展してきたものもある。人々はこのような人の手が加えられた環境を長い時間をかけて、作り上げ、そして維持してきたのである（MOE and UNU-IAS, 2010）。これらの自然環境はしばしば里山景観と呼ばれる。様々な農地が存在するが、日本では特に水田が農村景観の供給や、洪水防止、食料安全保障等にとって重要な役割を果たしている（OECD, 2010b）。しかし、水田は過去20年間、非農業用利用への転用が進み、継続的に減少してきたことから、里山景観を保全するため、日本政府は里山イニシアティブを立ち上げた。

国土の保全

一部の国は、適正な農業管理を行うことによって、洪水、火災、雪害、地すべり等の自然災害を防止し、国土の強靱性（resilience）を強化することができるとしている。これらの便益は通常、非競合的かつ非排他的であることから、公共財である（そのほとんどはランドスケープ・流

域レベルの地方公共財である)。例えば、ある種の農業管理手法は土壌の質と成分の改善を図ることを通じて浸透率を高め、洪水防止機能を高めることができる。かんがい施設、水田に加え、バッファーストライプ(緩衝帯)、生け垣、緑の回廊といった農地の利用を図ることにより、地下水を蓄え、流水のペースを緩和させることができる (Cooper et al., 2009; Jones et al., 2015; Schrijver and Uetake, 2015; Uetake, 2015)。国土保全機能を効果的なものとするためには、同じ地域の多くの農家が必要な農法を取り入れ、システムの管理を行う必要がある (OECD, 2005)。この洪水防止機能は、日本、オランダ、英国において、多くの場合、公共財として位置づけられている。

　自然に起きるもの、人的なものも含め、多くの火災が起きている。地域によっては、オープンスペースを作ったり、水路等のかんがい施設や水田を維持したりするといった農業管理を実施することにより、火災の際の緩衝帯を構築し、火災地域の拡大防止を図ることができる場合がある。火災に対する耐性を強化することは公的関心事項であり、日本と英国において、多くの場合、公共財として位置づけられている (Jones et al., 2015; Uetake, 2015)。

　さらに、日本においては、水路が消雪用としても利用されている。また、水田が水を保有することにより地すべりが防止されている。これらの便益は非競合性、非排他性を有していることから、日本の一部の地域では地方公共財としてその便益が享受されている (Uetake, 2015)。

農業環境公共財に影響を与える要因

　農業者は世界最大の自然資源の管理者である (FAO, 2007)。農業環境公

図 2.2. 農業環境公共財の供給メカニズム

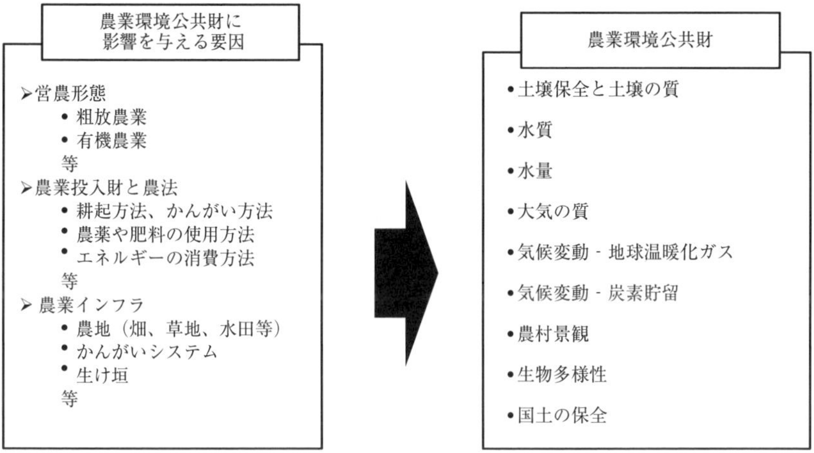

```
┌─────────────────────────┐                    ┌─────────────────────────┐
│   農業環境公共財に        │                    │     農業環境公共財        │
│   影響を与える要因        │                    │                         │
├─────────────────────────┤                    ├─────────────────────────┤
│ ➤営農形態                │                    │ ・土壌保全と土壌の質      │
│   ・粗放農業             │                    │                         │
│   ・有機農業             │                    │ ・水質                   │
│   等                    │                    │                         │
│ ➤農業投入財と農法        │        ➡         │ ・水量                   │
│   ・耕起方法、かんがい方法 │                    │                         │
│   ・農薬や肥料の使用方法  │                    │ ・大気の質                │
│   ・エネルギーの消費方法  │                    │                         │
│   等                    │                    │ ・気候変動・地球温暖化ガス │
│ ➤農業インフラ            │                    │                         │
│   ・農地（畑、草地、水田等）│                   │ ・気候変動・炭素貯留      │
│   ・かんがいシステム      │                    │                         │
│   ・生け垣              │                    │ ・農村景観                │
│   等                    │                    │                         │
│                         │                    │ ・生物多様性              │
│                         │                    │                         │
│                         │                    │ ・国土の保全              │
└─────────────────────────┘                    └─────────────────────────┘
```

共財の多くは、ある特定の農業環境システムや農法と関連している。Cooper et al.（2009）は、欧州連合での公共財の供給には主に3つの要因が影響を与えているとしている。それらは、1）特定の農業システム（特に粗放農業）、2）農法（農業投入財の削減等）及び3）農業インフラ（水路等のかんがい施設等）である。OECDもまた、農業環境公共財に影響を与える要因（Driving force）（営農形態、農法、農業投入財等）と環境状態（State）（水質、生物多様性等）の変化について、DSR（Driving force-State-Response）のフレームワークを用いて説明している（OECD, 2013）。これらの先行研究を参照しつつ、**図2.2.**は農業と農業環境公共財の関係を簡単に図示したものである（**図2.2.**）。

　農業環境公共財の供給は、営農形態、農業投入財と農法、農業インフラといった要因によって影響される。一般に、政策は要因（インプット、手段）又は農業環境公共財（アウトプット、目的）のいずれかを対象とすることか

ら、この農業環境公共財に影響を与える要因と、農業環境公共財の区別は重要である（OECD, 2010c）[4]。

この要因と農業環境公共財との関係を理解するためには、関連データを収集することが重要である。これは、ほとんどの農業環境政策が要因を対象としていることから、農業環境公共財のための政策を評価する上でも重要である。

営農形態

OECD諸国内には、集約農業、粗放農業、有機農業、これらの組み合わせ等、様々な営農形態が存在する。環境に便益をもたらす営農形態もあれば、環境に被害をもたらすものもある。Cooper et al.（2009）によれば、ヨーロッパでは、耕地と草地が組み合わされた粗放的な放牧型畜産業、粗放的な伝統的耕作、有機農業が、農業環境公共財を供給する上で特に重要である。

例えば、粗放的な放牧型畜産業は、ヨーロッパ各国で農村景観を供給している[5]。粗放的な営農は、文化的、建築的な遺跡の保全にもしばしば貢献する（Cooper et al., 2009）。英国では、1990年代に「高い自然価値（High Nature Value（HNV））」という概念が生み出され、集約性が低い農業によって生物多様性、農村景観、水質、洪水リスクの低減、炭素貯留といった様々な農業環境公共財を供給している（Jones et al., 2015）。また、有機農業は農薬や無機肥料の使用を避け、環境損害をもたらさないような方法で非耕作生息地を管理するとともに、輪作と複数の営農を組み合わせることにより、生物多様性等の農業環境公共財をしばしば供給している（Hole et al., 2005; Cooper et al., 2009）。例えば、Bengtsson et al.（2005）は、有機農業が行われているところでは、平均して30％以上、種の多様性が存在していることを発見した。

農業投入財と農法

　特定の農法の導入や適切な農業投入財の管理もまた、様々な農業環境公共財の供給に貢献することができる。ケーススタディ国のほとんどの農業環境政策は、農業環境を改善するためのインプット・ベースの政策となっている。インプット・ベースの政策は、例えば、**耕起方法**、**かんがい方法**、**農薬や肥料の使用方法**、**エネルギーの消費方法**等を政策対象としている。

　土壌保全管理は土壌の質の向上、炭素貯留量の増加、気候変動の緩和に貢献することができる。**農薬**は単位面積当たりの生産量減少リスクを低減させることができることから、多くの国で幅広く使用されているものの、過剰な使用は水質汚染や生態系への損害を引き起こす可能性がある。このため、適正な**農薬使用管理**を行うことにより汚染を防ぎ、水質や生物多様性の向上を図ることができる。

　窒素やリン等の養分の投入は生産性の維持・向上を図る上で不可欠である。養分の過不足がある場合は、土壌の肥沃度が低下するおそれがある一方、過剰な養分の投入は、水質の悪化を招くおそれがある。現在、ほとんどのOECD加盟国において、植物が必要とする量以上の過剰な養分が投入されている（OECD, 2013）。生産性の向上を図ることと養分の投入に伴う環境への負の影響を最小化することとの両者のバランスを取ることは重要な課題である（OECD, 2012; 2013）。

　エネルギーについては、農業は消費者という側面と供給者という側面の二つの側面を有している。農業は、穀物、畜産物の生産にあたって、エネルギーを直接的に消費するとともに、肥料、農薬、農機等の生産に必要なエネルギーを間接的に消費している。他方、農業は、バイオ燃料（主にバイオエタノール、バイオディーゼル）等のバイオエネルギーを生み出すための供給原

料である原料やエネルギーを、バイオマス生産の一環で生み出している（OECD, 2008; 2013）。農業にとっての主要課題は、農業生産単位当たりのエネルギー消費量の減少を図り、エネルギー使用効率性を高めること、及び環境に中立的な方法（すなわち、エネルギー使用量を生産されるエネルギー量以下に留めるとともに、水質、大気の質等環境面での影響を最小化する方法）でバイオ燃料原料の生産増加を図る機会を見つけ出すことである（OECD, 2013）。効率的なエネルギー使用は、大気の質の向上と気候変動の緩和の両面に貢献することができる。

表2.2.はいくつかの農法、農業投入財と農業環境公共財の供給との関係をまとめたものである。仮にある農法が農家に私的な便益をもたらすような場合は、農家はこれらの農法を進んで取り入れる。しかし、不適切な農法は、水質汚染や土壌汚染等環境に対して負の影響をもたらすこととなる。また、いくつかの農法は、複数の農業環境公共財の供給と関係している（ENRD, 2010; 2011）。

農業インフラ

農業インフラもまた、多くの農業環境公共財の供給にとって重要な役割を果たす。例えば、英国では、生け垣、壁、土手、排水溝、その他の農場における歴史的、文化的な施設やその管理方法が農村景観や生物多様性の供給に貢献している（Jones et al., 2015）。また、適切なかんがいシステムの管理は、全てのケーススタディ国において水質管理に不可欠なものとなっている（Jones et al., 2015; Pannell and Roberts, 2015; Schrijver and Uetake, 2015; Shortle and Uetake, 2015; Uetake, 2015）。

農地もまた農業環境公共財の供給に貢献することができる。例えば、日本の水田は地下水をかん養し、水使用量を増加させることができる（Uetake,

表 2.2. 農業環境公共財と農法の関係の例

農業環境公共財 [1]		農法	
土壌保全と土壌の質	● 土壌浸食、堆積物管理	● 土壌保全、土壌流出管理 ● 覆土管理	
水質	● 水質管理 ● 塩化、地下水面規制	● 農薬使用の削減 ● 緩衝帯の設置 ● 養分管理の改善 ● 植栽 ● 水管理	
水量	● 水量管理 ● 地下水かん養	● 効率的な水使用の促進 ● 水田の冬期湛水	
大気の質	● 悪臭 ● 農薬	● 家畜排せつ物管理 ● 農薬管理の改善	
気候変動－地球温暖化ガス	● 地球温暖化ガス排出量の削減	● 家畜排せつ物処理施設からのメタン発生量の削減 ● 施肥のタイミング管理 ● 野焼きの削減	
気候変動－炭素貯留	● 土壌の炭素貯留 ● 多年生植物の炭素吸収	● 土壌有機物管理 ● 耕起削減 ● 耕地の草地や森林への転換	
生物多様性	● 野生生物	● 繁殖地と野生生物の餌場の保護 ● 収穫時期の改善 ● 栽培種の多様化 ● 有害化学物質の使用削減	
農村景観	● 土地利用管理	● 栽培品種の調整 ● 米の伝統的な乾燥方法の実施	
国土の保全	● 洪水管理	● 水の迂回路、湿地帯、ため池の創設 ● 水路等の水利施設の管理	

1. 第1章で解説したとおり、これらの財は常に公共財であるわけではない。これらの財は私的財（例えば、利用価値を有する農村景観が特定の訪問者に対してのみ供給されるような場合は私的財になりうる。）や、環境被害をもたらす場合は、負の私的財や負の公共財になりうる（Kolstad, 2011）。このため、それぞれの事例において、これらの財が非競合性及び非排他性を有しているかどうかを注意深く検証する必要がある。

出典：Food and Agriculture Organization of the United Nations（FAO）(2007), *The State of Food and Agriculture: Paying Farmers for Environmental Services*, 及び Ribaudo et al. (2008), *The Use of Markets to Increase Private Investment in Environmental Stewardship* に基づき作成。

2015)。日本の地下水の約20％が水田によってかん養されているという研究もある（三菱総合研究所，2001）。

　農地とその他の農業インフラの組み合わせも、いくつかの農業環境公共財を供給することができる。例えば、日本の里山景観（地域のコミュニティ、森林、畑、水田、水路等の組み合わせ）は野生生物にとっての生態系と生息地の緩衝帯としての機能を果たしていることに加え、国土の保全や湿地帯保全等にも貢献している（OECD, 2010b）。

注
1　一部の国では社会的公共財（農村活性化、食料安全保障、動物福祉）を政策対象としているが、本書では農業環境公共財に特化する。これは、本書の目的がOECD諸国におけるより良い農業環境政策の立案に資することであり、社会的公共財について取り扱うことは農業環境政策の分野を超えたより広範な議論が必要となるためである。これらの社会的公共財について議論することは本書の対象外である。
2　どのように支払意思額（WTP）を農業環境政策の立案に用いるのかに関する議論は、貿易政策を含む慎重かつ広範な検討が必要である。この点について取り扱うことは本書の対象外である。
3　非排除性とは、ある財について、誰も当該財を消費することから排除されない性質をいう。非競合性とは、ある財について、他者が消費する機会を減少させることなく、誰もが同時に当該財を消費することができる性質をいう。
4　政策については第5章で議論する。
5　これは国又は地域によって該当しない場合がある。例えば、オーストラリアのほとんどの酪農は、屋外の放牧型システムであるが、酪農から排出される養分によって非常に高い汚染が引き起こされることがあ

りうる。そしてオーストラリアでは農村景観は政策対象となっている農業環境公共財ではない。

参考文献

Bengtsson, J., J. Ahnstrom and A. Weibull (2005), "The Effects of Organic Agriculture on Biodiversity and Abundance: A Meta-Analysis", *Journal of Applied Ecology*, Vol.42, pp.261-269.

Cooper, T., K. Hart and D. Baldock (2009), *The Provision of Public Goods through Agriculture in the European Union*, report prepared for DG Agriculture and Rural Development, Contract No30-CE-023309/00-28, Institute for European Environmental Policy, London.

European Network for Rural Development (ENRD) (2011), *Thematic Working Group 3: Public Goods and Public Intervention: Synthesis Report*, ENRD, Brussels.

ENRD (2010), *Thematic Working Group 3: Public Goods and Public Intervention: Final Report*, ENRD, Brussels.

Food and Agriculture Organization of the United Nations (FAO) (2007), *The State of Food and Agriculture: Paying Farmers for Environmental Services*, FAO Agriculture Series No.38, Rome.

Gerber, A. and P.C. Wichardt (2013), "On the Private Provision of Intertemporal Public Goods with Stock Effects," *Environmental Resource Economics*, Vol.55, pp.245-255.

Hole, D.G., A.J. Perkins, J.D. Wilson, I.H. Alexander, P.V. Grice and A.D. Evans (2005) "Does Organic Farming Benefit Biodiversity?" *Biological Conservation*, Vol.122, pp.113-130.

Intergovernmental Panel on Climate Change (IPCC) (2007), *Climate Change 2007: Synthesis Report*, IPCC, Geneva.

Jones, J., P. Silcock and T. Uetake (2015), "Public Goods and Externalities: Agri-environmental Policy Measures in the United Kingdom", *OECD Food, Agriculture and Fisheries Papers*, No.83, OECD Publishing,Paris. DOI: http://dx.doi.org/10.1787/5js08hw4drd1-en.

Kerkhof, A., E. Drissen, A.S. Uiterkamp and H. Moll (2010), "Valuation of Environmental Public Goods and Services at Different Spatial Scales: A Review", *Journal of Integrative Environmental Sciences*, Vol.7, No.2, pp.125-133.

Kolstad, C. D. (2011), *Intermediate Environmental Economics: International Second Edition*, Oxford University Press, New York.

Lankoski, J., et al. (2015), "Environmental Co-benefits and Stacking in Environmental Markets", *OECD Food, Agriculture and Fisheries Papers*, No. 72, OECD Publishing, Paris. DOI: http://dx.doi.org/10.1787/5js6g5khdvhj-en

Lewandrowski, J., M. Peter, C. Jones, R. House, M. Sperow, M. Eve and K. Paustian (2004), *Economics of Sequestering Carbon in the U.S. Agricultural Sector*, Technical Bulletin No.909, US Department of Agriculture, Economic Research Service, Washington D.C.

Ministry of the Environment (MOE) and the United Nations University-Institute of Advanced Studies (UNU-IAS) (2010), *Satoyama Initiative*, MOE and UNU-IAS, Tokyo.

OECD (2013), *OECD Compendium of Agri-environmental Indicators*, OECD Publishing, Paris. DOI: http://dx.doi.org/10.1787/9789264186217-

en.
OECD (2012), *Water Quality and Agriculture: Meeting the Policy Challenge*, OECD Studies on Water, OECD Publishing, Paris. DOI: http://dx.doi.org/10.1787/9789264168060-en.
OECD (2010a), *Sustainable Management of Water Resources in Agriculture*, OECD Studies on Water, OECD Publishing, Paris. DOI: http://dx.doi.org/10.1787/9789264083578-en.
OECD (2010b), *OECD Environmental Performance Reviews: Japan 2010*, OECD Publishing, Paris. DOI: http://dx.doi.org/10.1787/9789264087873-en.
OECD (2010c), *Guidelines for Cost-effective Agri-environmental Policy Measures*, OECD Publishing, Paris. DOI: http://dx.doi.org/10.1787/9789264086845-en.
OECD (2008), *Environmental Performance of Agriculture in OECD Countries Since 1990*, OECD Publishing, Paris. DOI: http://dx.doi.org/10.1787/9789264040854-en.
OECD (2005), *Multifunctionality in Agriculture: What Role for Private Initiatives?*, OECD Publishing, Paris. DOI: http://dx.doi.org/10.1787/9789264014473-en.
Pannell, D. and A. Roberts (2015), "Public Goods and Externalities: Agri-environmental Policy Measures in Australia", *OECD Food, Agriculture and Fisheries Papers*, No.80, OECD Publishing, Paris. DOI: http://dx.doi.org/10.1787/5js08hx1btlw-en.
Ribaudo, M., L. Hansen, D. Hellerstein and C. Greene (2008), *The Use of Markets to Increase Private Investment in Environmental Stewardship*, United States Department of Agriculture, Economic Research

Service, Economic Research Report Number 64, Washington D.C.

Schrijver, R. and T. Uetake (2015), "Public Goods and Externalities: Agri-environmental Policy Measures in the Netherlands", *OECD Food, Agriculture and Fisheries Papers*, No. 82, OECD Publishing, Paris. DOI: http://dx.doi.org/10.1787/5js08hwpr1q8-en.

Shortle, J. and T. Uetake (2015), "Public Goods and Externalities: Agri-environmental Policy Measures in the the United States", *OECD Food, Agriculture and Fisheries Papers*, No. 84, OECD Publishing, Paris. DOI: http://dx.doi.org/10.1787/5js08hwhg8mw-en.

Trumper, K., M. Bertzky, B. Dickson, G. van der Heijden, M. Jenkins and P. Manning (2009), *The Natural Fix? The Role of Ecosystems in Climate Mitigation*, A UNEP rapid response assessment, United Nations Environment Programme, UNEP-WCMC, Cambridge, UK.

Uetake, T. (2015), "Public Goods and Externalities: Agri-environmental Policy Measures in Japan", *OECD Food, Agriculture and Fisheries Papers*, No.81, OECD Publishing, Paris. DOI: http://dx.doi.org/10.1787/5js08hwsjj26-en.（植竹哲也著、植竹哲也訳（2016）『共同行動と外部性：日本の農業環境政策』筑波書房）

Vojtech, V. (2010), "Policy Measures Addressing Agri-environmental Issues", *OECD Food, Agriculture and Fisheries Papers*, No.24, OECD Publishing, Paris. DOI: http://dx.doi.org/10.1787/5kmjrzg08vvb-en.

三菱総合研究所（2001）『地球環境・人間生活にかかわる農業及び森林の多面的な機能の評価に関する調査研究報告書』三菱総合研究所、東京.

第3章

農業環境公共財関連の市場の失敗

> 本章では、各国がどのように農業環境公共財の需要と供給を推計し、どのように農業環境公共財に関する市場の失敗が存在しているのかどうかを吟味しているのかについて検証する。本章では、政府の介入がなくても、どの程度、農家が農業環境公共財を自発的に供給することができるかどうかについて明らかにすることの重要性について議論する。

農業環境公共財の市場の失敗

　農業は農業環境公共財を供給することができるが、一般的に、これらの財の市場は発展しておらず、その結果、農家は適切な量の公共財を供給することが難しいものとなっている（OECD, 1992, 1999, 2013a; Ribaudo et al., 2008）。非排他性（ある財について、誰も当該財を消費することから排除されない性質）、非競合性（ある財について、他者が消費する機会を減少させることなく、誰もが同時に当該財を消費することができる性質）や、情報の非対称性、情報の失敗等の様々な要因が市場の効率性を損ねる（Bergstrom and Randall, 2010）。市場が十分機能していない場合、農業環境公共財の価値は、農産物や農地の価格に必ずしも適切に反映されていない。価格が農業環境公共財の将来の価値も含め、その価値を必ずしも適切に伝えていないため、結果として、農業環境公共財は過剰又は過小供給される可能性がある（Hellerstein et al., 2002）。

　それにも関わらず、農業環境公共財の供給は、必ずしも政府の介入を常に必要とするわけではない。この点に関して、2つの点を検討する必要がある。第1に、理論的には農業環境公共財を適切な量だけ供給することは、その非排他性、非競合性から困難であるが、偶発的に農家が適切な量を供給する可能性がある。いくつかの環境保全型の農法は非農家だけでなく、農家自身にも便益をもたらす。もし、農家が農業環境公共財の私的便益を十分踏まえた上で意思決定を行うのであれば、政府の介入がなくても、農家が農業環境公共財を適切な量だけ供給することがあり得る。したがって、農業環境公共財の需要量と供給量の推計が必要である（Hodge and Reader, 2007）。政府の介入の正当化のためには、市場の失敗が存在しているという証拠が必要である。

第2に、政府の介入は追加費用を伴うものであることから、政府の介入前と比べ、社会厚生を悪化させるおそれがある。政府の介入から生じる便益が、当該介入から生じる費用を上回る必要がある。また、政府の不介入に関する費用についても、特に長期の分析を行う際には、費用便益分析に組み込む必要がある。

　農業環境公共財の需要と供給規模の推計は、これらの財の市場が存在しないことから難しい。その結果、農業環境公共財の市場の失敗が存在するかどうかを検証することも困難を伴う。したがって、実際には、農業環境公共財の需要や供給を直接推計するのではなく、様々な代理指標が用いられることが多い。

　本章では、5カ国のケーススタディ国がどのように農業環境公共財の市場の失敗の存在を検証しているのか、近年の取組を紹介する。まず、第2章において取り上げた農業環境公共財について、その需要がどうなっているのかについて検証する。次に、これらの農業環境公共財の供給について検証する。最後に、市場の失敗について議論する。公共財の需要の推計は特に難しいことから、各国では、供給面、すなわち、農業環境指標の開発に重点が置かれている。本書では、多くの場合、農家による農業環境公共財の供給が需要と一致しているのかどうか、政府の介入に伴う便益がその費用を上回っているのかどうか、この2つの課題についての分析が不十分であることを明らかにする。

農業環境公共財の需要の推計

　農業環境公共財の需要規模を推計するのは、その公共財の特徴（すなわち、非排他性、非競合性）から難しいものとなっている。これらの財については、消費者が需要を表明することができる市場が存在しない（Cooper et al.,

2009)。このため需要の推計が必要となるが、需要の推計には、主に2つのアプローチがある。1つは自然資源が存在する地域への訪問者数等の「代理指標」を用いる方法であり、もう1つは、「金銭的評価」を行う方法である (Hall et al., 2004; Cooper et al., 2009; McVittie et al., 2009; Hübner and Kantelhardt, 2010; Hart et al., 2011)。しかし、農業環境公共財の需要を推計するのは困難であり、かつ、推計には限界があることから、今回取り上げたケーススタディ国においては、推計結果が政策立案に活かされている事例は限られたものとなっている。

代理指標

農業環境公共財の需要を推計する方法の1つは、関連する統計や世論調査を活用することである (Hall et al., 2004; Cooper et al., 2009; McVittie et al., 2009; Hübner and Kantelhardt, 2010; Hart et al., 2011)。これらの数値は必ずしも正確に農業環境公共財の需要を示すものではないが、大まかなトレンドや人々の考えを示すことができる。

ケーススタディ国では様々な代理指標が用いられている（表3.1.は代理指標の例をまとめている）。農業環境公共財の需要は、例えば、世論調査、環境NGOの会員数、自然保護基金によって購入された保全地域面積、保護地域への訪問者数等を通じて示される (Piperno and Santagata, 1992; Ribaudo et al., 2008; Cooper et al., 2009; Hübner and Kantelhardt, 2010; Hart et al., 2011)。環境や農業の役割に対する意識調査を行っている世論調査も複数存在する。一般的にこれらの調査では複数の選択肢があることから、一般市民の優先順位を把握することができる。

その他の例としては、自然保護活動の参加者数や自然保護基金によって保護地域として購入された保護地域の面積があげられる。自然保護活動の参加者数や保護地域の購入面積の増加は、農業環境公共財の需要が一定程度存在

第 3 章　農業環境公共財関連の市場の失敗　61

表 3.1. 農業環境公共財関連の代理指標の例

代理指標	国	農業環境公共財[1]	注	データ
世論調査	日本	生物多様性と農村景観	農村の、多くの生物が生息できる環境の保全や良好な景観を形成する役割に期待していると回答した者の割合	48.9% (2008)[a]
		水量、国土の保全	農村の、水資源を貯え、土砂崩れや洪水などの災害を防止する役割に期待していると回答した者の割合	29.6% (2008)[a]
	オランダ	農村景観	自然資源の減少に懸念を有していると回答した者の割合	49% (2011)[b]
		水質	水質汚染に懸念を有していると回答した者の割合	40% (2011)[b]
		気候変動	気候変動に懸念を有していると回答した者の割合	37% (2011)[b]
		大気の質	大気汚染に懸念を有していると回答した者の割合	34% (2011)[b]
		生物多様性	生物多様性の減少に懸念を有していると回答した者の割合	29% (2011)[b]
	英国	気候変動	気候変動に懸念を有していると回答した者の割合	53% (2009)[c]
		大気の質	大気汚染に懸念を有していると回答した者の割合	42% (2009)[c]
		水質	水質汚染に懸念を有していると回答した者の割合	35% (2009)[c]
		農村景観	自然資源の減少に懸念を有していると回答した者の割合	27% (2009)[c]
		生物多様性	生物多様性の減少に懸念を有していると回答した者の割合	20% (2009)[c]
自然保護活動の参加者数	英国	生物多様性と農村景観	自然保護活動の参加者数が増加していることは、農村景観と生物多様性の需要が増加していることの代理指標となりうる。	5 百万 (2006/07), 6 百万 (2011/12)[d]
自然保護基金によって購入された保全地域面積	アメリカ	生物多様性、生息地、湿地帯	自然保護基金によって購入された保護地域と生息地面積	24 百万エーカー (2000) 47 百万エーカー (2010)[e]
保全地域の訪問者数	イングランド	農村景観	国立公園への訪問者数は景観（その多くが農村景観）の需要規模を反映することができる。	95 百万訪問者 (2011)[d]

1. 第 1 章で解説したとおり、これらの財は常に公共財であるわけではない。これらの財は私的財（例えば、利用価値を有する農村景観が特定の訪問者に対してのみ供給されるような場合は私的財がもたらうる。）や、環境被害をもたらす場合は、負の私的財や負の公共財になりうる (Kolstad, 2011)。このため、それぞれの事例において、これらの財が非競合性及び非排他性を有しているかどうかを注意深く検証する必要がある。

出典：
a. 内閣府 (2008)『食料・農業・農村の役割に関する世論調査』
b. European Commission (2011). *Attitudes of European Citizens towards the Environment*, Special Eurobarometer 365, European Commission, Brussels.
c. European Commission (2009). *The Europeans in 2009*.
d. Jones et al. (2015). *Public Goods and Externalities: Agri-environmental Policy Measures in the United Kingdom*.
e. Land Trust Alliance (2010). *2010 National Land Trust Census Report: A look at Voluntary Land Conservation in America*.

することを示唆している。個人は環境NGOや自然保護基金に参加することにより、農業関連の自然保護に貢献することができる（Hein et al., 2006; Sundberg, 2006）。OECD各国には多くの自然保護基金が存在する。例えば、英国のナショナル・トラスト（National Trust）は世界最大の保全組織であり、2011/12年時点で、390万人の会員、67,000人のボランティアを有し、250,000ヘクタール以上の土地を管理している（Jones et al., 2015）。またアメリカでは、1,700の自然保護基金が存在し、オープンスペースを保護している。2010年時点で4,700万エーカーの自然保護地域が保護されている（2000年には2,400万エーカー、2005年時点では3,700万エーカーであり、保護地域は増加傾向にある）（Land Trust Alliance, 2010）。

　国立公園等の保護地域の訪問者数も、ある程度、農業環境公共財の需要を示すことができる（Hübner and Kantelhardt, 2010）。例えば、英国の国立公園に関しては、2011年時点で、年間9,500万人の訪問者が合計400億ポンドを使っている。これらの訪問者の一部は、農村景観と生物多様性を楽しむことを目的に国立公園を訪問していることから、これらの訪問者数と使われた金額は農業環境公共財の需要を間接的に示していると言える（Jones et al., 2015）。

　これらの代理指標の推移がわかれば、必ずしも、個々の農業環境公共財ごとの需要がわかるわけではないものの、市民の農業環境公共財に対する認識がどのように変化したのかを把握することができる。ただし、代理指標の区分は一般的過ぎる場合がある（例えば、欧州委員会の世論調査（EC, 2009; 2011）は地球温暖化ガスと炭素貯留を区分していない）。また、同じ農業環境公共財の区分であっても、人々の優先順位は様々である。例えば、農村景観に関して、Howley et al.（2012）によると、アイルランド人は近代的な集約農業の景観よりも、伝統的な粗放的農業の景観を好む。また、環境についての選好は、年齢、収入、居住地域、子供の有無といった人口に関する社会

的、統計的構成によっても異なる（Howley et al., 2012; Howley et al., 2014）。さらに、公共財の需要は地理的な規模（地域、国、世界レベル）でも変わりうる。しかし、ほとんどの代理指標はこれらの差異を十分反映していない。加えて、代理指標は必ずしも統計学的に頑強（robust）ではなく（Hall et al., 2004）、その他の要因が代理指標に影響を与えている可能性もある。例えば、保全活動を行っているグループの会員と国立公園への訪問者数は、人口密度等の非農業環境関係の要因を反映しているおそれがあり、農業環境公共財の需要をそれほど強く反映していない可能性もある。このため、代理指標を解釈するのにあたってはよくよく注意しなければならない。

どのような代理指標を使うべきかについては未だ議論があるところであり、関係者間で合意が形成されているわけではない。様々な代理指標のメリットと限界を明らかにすることが重要である。代理指標の更なる研究を行うことにより、農業環境公共財の需要についての理解を深めることができる。

金銭的評価

農業環境公共財の需要を推計するもう1つの方法は、社会的な選好を明らかにするため、金銭的評価手法を用いる方法である（**ボックス3.1.**は主な金銭的評価手法について概説している）。いくつかの経済的指標を用いることにより、公共財の需要曲線を導出することができることが知られている（Turner et al., 1993; Kolstad, 2011）。

金銭的評価手法を用いて農業環境公共財の需要を推計している先行研究が複数存在する[1]。例えば、英国では、複数の研究が農村景観や生物多様性などの農業環境公共財に係る一家庭当たりの平均的な支払意思額（average willingness to pay（WTP））を推計している。これらの支払意思額は、一部の政治家や政策立案者の関心を集めているもの、農業環境政策の支払額を決定する際には用いられていない。これは、ヨーロッパの共通農業政策（CAP）

では、支払意思額は得ていたであろう所得（income foregone）と追加費用に基づくこととされているためである（EC議会・理事会規則 No 1698/2005 第39条）。WTOの緑の政策では、環境支払いは、追加費用と農業プログラムに参加することによって失われる所得に限定されている（WTO農業に関する協定第6条及び附属書2）[2]。また、オランダでは、農業環境公共財の需要の推計に関する研究はほとんど行われていない（Pannell and Roberts, 2015）。

　農業環境公共財の需要の一部は、実際の市場における行動について計量経済分析を行うことにより推計することができる。例えば、Artell（2013）はフィンランドにおける水質に関する価値について、トラベルコスト法とヘドニック法を用いて推計している。

　これらの金銭的評価をより良い政策立案に活かそうとする新たなプロジェクトも存在する。例えば、2009年に立ち上げられたBalticSTERN事務局は、バルト海の生態系サービスの供給を確保する費用対効果の高い対策を講じるため、国際的な調査ネットワークを構築するとともに、生態学的、社会経済学的な分析を行っている。同事務局により数多くの一連の研究が行われ、例えば、Ahtiainen et al.（2012）はバルト海を2050年に生態学的に良好な状況に改善することに伴う価値を、環境価値評価手法を含む最新の海洋モデルを用いていて推計している。この研究では、バルト海の全ての沿岸国から合計10,000人以上の回答を得て、バルト海の富栄養化の減少に伴う便益額を推計している。

　しかし、金銭的評価は問題もある。経済学的に優れた政策というものは、限界的な変化や行動に対してインセンティブを付与するものである。このため、合算した数値しか示さない評価の解釈については特に注意する必要がある。しかし、先行文献では、この限界的な価値と、合算された価値の区別が必ずしもなされていない（Sakuyama 2005; Goulder and Kennedy, 2011）。

さらに、金銭的評価は、一般的に、その手法、質問、作業の順番、個人の社会経済的な特徴によって左右されることが知られている（Diamond and Hausman, 1994; Moran et al., 2007; Arriaza et al., 2008; Cooper et al., 2009; Howley et al., 2012）。農業環境公共財の地理的規模もまた、評価額に影響を与える（Hein et al., 2006）。同一の農業環境公共財について、複数の推計額が出されることもあり得る。したがって、各国間でのこれらの数値を直接比較することはできない。一方、代理指標ではこのような直接比較が可能である。このような問題が存在するため、農業環境公共財の費用と便益に関して総合的に金銭的評価を行ったものは存在しない（OECD, 2013b）。研究者の中には、このような金銭的評価を政策立案に活用することに対して反対する者もいる（例. Diamond and Hausman, 1994）。他方、これらの欠点については、注意深く調査事項を設計することにより克服することができると主張する者もいる（例. Arrow et al., 1993; Kling et al., 2012）。

　上記に加え、金銭的評価の研究対象が偏っているという問題点もある。ほとんどの研究は既に供給されている農業環境公共財に関するものであり、将来やこれから生じるような課題についての研究はあまり存在しない（OECD, 1992）。金銭的評価は通常、あるベースラインに基づいて推計され、この農業環境公共財のベースラインは保証されていると仮定している。しかし、多くの場合、このベースラインは保証されているわけではない。適当な反事実的状況（counterfactual）を仮定することもまた、環境影響評価を行う上での課題の1つである（Sakuyama, 2005; RISE, 2009; Hübner and Kantelhardt, 2010; OECD, 2012）。

ボックス3.1. 農業環境公共財の金銭的評価

　金銭的評価手法については、大きく2つの手法が存在する[1]。顕示選好法と表明選好法である。顕示選好法は、実際の行動、特に実際の市場

表 3.2. 需要曲線を導出することができる主な金銭的評価手法

表明選好法		顕示選好法	
利用価値と非利用価値の双方に使用可能		利用価値にのみ使用可能	
仮想評価法（CVM）	コンジョイント分析	トラベルコスト法	ヘドニック法
質問票に基づき、回答者に対して直接いくら支払う意思があるのか（受入れのための補償額が必要なのか）を尋ねることにより、支払意思額（受入補償額）を推計する。	複数の属性を束ねたものから回答者に選択させることにより支払意思額（受入補償額）を推計する。	市場が存在しない財の利用価値のうち、特に、レクリエーション目的にある地域を訪れるための旅行費用を観察することによって当該利用価値を推計する。	関連市場における行動を分析することにより、市場が存在しない財の利用価値を推計する。
例. 地域住民に対して、生物多様性の保全のためにいくら支払う意思があるのか尋ねることにより支払意思額を推計	例. 生物多様性保全に関する環境成果と費用に関して異なるシナリオをいくつか提示することにより支払意思額を推計	例. 農村景観の利用価値について、旅行費用を分析することにより推計	例. 異なる水質を有する不動産価格を比較することにより、水質の不動産価格への影響を推計

WTP－支払意思額、WTA－受入補償額
出典：Turner, R.K., D. Pearce and I. Bateman（1993），*Environmental Economics: An Elementary Introduction*, OECD（2006），*Cost-Benefit Analysis and the Environment: Recent Developments* 及び Bateman, I.J. et al.（2011），"Economic Analysis for Ecosystem Service Assessments".に基づき作成。

における購入行動を観察することにより、市場が存在しない場合の影響評価を試みるものである（OECD, 2006）。表明選好法は、回答者に対して、支払意思額（WTP）や受入補償額（WTA）を直接的に尋ねるための質問票を用いる方法であり、しばしば、分析者が支払意思額（受入補償額）を推計できるよう束ねた（bundles）財を選択させる方法が取られる（OECD, 2006）。

それぞれの分析手法の中にいくつかのアプローチがある。表3.2.は環境サービスの金銭的価値を推計するための4つの手法をまとめたものである。そして、これらの方法はしばしば組み合わされる（例. Cameron,

1992, Kling, 1997)。例えば、Fleischer and Tsur（2000）はイスラエルの農村景観の需要を推計するために、CVMとトラベルコスト法を組み合わせている。これらの手法を詳細に取り上げることは、本書の目的の範囲を超えるものであることから、より詳細な議論は*Cost-benefit Analysis and the Environment: Recent Developments*（OECD, 2006）を参照されたい。同書では、これらの金銭的評価手法について、より詳細に解説している。

　需要を推計する際には、農業環境公共財の規模が重要である。ある農業環境公共財は地方公共財（例えば、農村景観、国土の保全）である一方、地域公共財やグローバル公共財もある（例. 気候変動、水質）（Madureira et al., 2013）。適切な規模で推計することにより、農業環境公共財の需要を推計することができる。

1．需要曲線を導出することができない金銭的評価手法もある。これらの手法には、例えば、用量反応法、代替法、回避費用等がある。これらは場合によっては政策立案者にとって実用的な情報を伝えることができるが、本書では、これらは農業環境公共財の需要を直接推計することができないことから対象としない。

政策目的と目標

　このように代理指標と金銭的評価には限界があることから、先行研究（例. OECD, 1992; Ribaudo et al., 2008; Hart et al., 2011）の中には、政策目的と目標が社会的な需要と社会的に最適な農業環境公共財の供給レベルを表す代理指標となりうると指摘しているものもある。政策目的と目標は政治決定

プロセスを経て決定されるものであり、集合的な需要を反映しうる。例えば、OECD (1992) は、政治的なプロセスは公共財の需要を生み出すことができ、その結果、最も難しい課題の1つ、すなわち、公共財市場に関する情報のギャップを解消することができると主張している。多くの国が農業環境プログラムを立ち上げ、農業環境に関する目的と目標を設定しており、これらは公共財の需要が存在していることを黙示的に反映していると言える (Ribaudo et al., 2008)。例えば、ヨーロッパ各国では、関連目的と目標がEUレベルと国レベルで設定されている。これらには、明示的な目標と黙示的な目標が含まれ、また、一部は法的拘束力があり、一部は法的拘束力がない。Hart et al. (2011) によると、明示的なEUの目標は主に生物多様性、水質、地球温暖化ガス排出、大気の質に関して設定されており、これらの多くは特定の数量化された目標を有しているだけでなく、目標達成までのタイムスケジュールを有している。そして、世論調査等の代理指標や金銭的評価は政策立案者が政策目的を特定し、農業環境公共財のための政策を立案することを助けることができる。

　しかし、これらの政策目的と目標は、必ずしも一般市民の需要を反映しているとは限らない。一部の利害関係者はロビー活動を通じて政策に影響を与えようとする。彼らは必ずしも共通の利害を有していない。したがって、政策立案者は、将来世代のことも踏まえつつ、それぞれの財の重要性について判断する必要がある (OECD, 1992)。

　農業環境公共財の需要についての研究は未だ発展段階にあり、農業環境政策の立案への応用は限られている。この分野における更なる研究と、需要についての推計をどのように農業環境政策の立案に活かすのかについての議論が必要である。

農業環境公共財の供給の推計

　農業環境公共財の偶発的な供給が需要と一致しているかどうかを明らかにするためには、供給サイドの分析も必要である。農業環境公共財の供給規模を推計するための方法の1つは、農業環境指標を用いることである（Cooper et al., 2009; Hart et al., 2011）。

　OECDの農業環境指標（OECD, 2013b）は、農業環境公共財の状況について各国の比較を行うのに用いることができる。しかし、農業環境公共財の中には地方公共財もあるため、OECD農業環境指標のような国レベルの統合されたデータでは、その供給量を推計するのに適当ではない場合がある（Saunders et al., 2009）。

　OECD農業環境指標に加えて、各国では様々な指標が用いられているが、それらは国によって、また各国の農業環境公共財についての優先度合いや受け止め方によって異なる。**表3.3.**はケーススタディ国において農業環境公共財の供給を推計するのに用いられている指標の例を取りまとめたものである。これらの指標は、農業環境公共財の状況に影響を与える要因を図る「要因指標（pressure indicator）」と、農業環境公共財の状況を図る「状況指標（condition indicator）」に分類することができる（**図2.1参照**）。

　要因指標は、養分（窒素リン収支）、農薬、エネルギー、農地、かんがい施設に関する指標等がある。状況指標は、土壌浸食、農業向け淡水使用量、地球温暖化ガス排出量、野鳥に関する指標等がある。農業環境公共財の一部は地方公共財であり、その一部はグローバル公共財であることから、供給量を推計するためには、地方レベル、グローバルレベルのデータが必要となる。例えば、国土の保全については、各レベルに応じて、洪水の回数や焼損面積等の統計が必要となる。

表 3.3. 農業環境公共財の供給を推計するために用いられる指標例

農業環境公共財[1]	指標[2]	
	要因指標 (農業環境公共財に影響を与える要因)	状況指標 (農業環境公共財)
土壌保全と土壌の質	• <u>窒素収支</u> • <u>リン収支</u> • <u>水食、風食によって浸食された農地面積</u>	• 土壌有機物
水質	• <u>窒素収支</u> • <u>リン収支</u> • <u>農薬販売高</u>	• <u>農業由来の表層水、地下水、海洋水の硝酸塩、りん、農薬汚染</u>
水量	• <u>かんがい面積</u> • <u>かんがい用水の使用率</u>	• <u>農業用水使用量</u> • <u>淡水使用量に占める農業の割合</u> • 水田の水源かん養量
大気の質	• <u>農薬販売高</u> • 野焼きされた農地面積 • 家畜排せつ物処理施設を有している家畜農家の割合	• <u>農業由来のアンモニア排出量</u> • 家畜由来の悪臭に対する苦情件数 • 家畜由来の悪臭によって生活環境が影響を受ける人の数 • 大気汚染の汚染物質量の推移
気候変動 －地球温暖化ガス排出	• <u>農場でのエネルギー消費量</u> • <u>臭化メチル使用量</u>	• <u>農業由来の地球温暖化ガス排出量</u> • <u>農業由来のメタン排出量</u> • <u>農業由来の亜酸化窒素排出量</u>
気候変動 －炭素貯留	• 農地転用面積	• 農地の土壌炭素貯留量
生物多様性	• <u>農地の土地被覆分類</u> • <u>農薬販売高</u> • 農地転用面積 • 草地から耕地への転用 • 湿地帯、他の生息地の農用地への転用面積 • 自然インフラの解体	• <u>農地の野鳥の数</u> • 農地の蝶の数 • 絶滅危惧種のリストに掲載されている淡水魚の種の割合
農村景観	• <u>農用地面積</u> • 農地転用面積 • 耕作放棄地	• 農村景観の変化
国土の保全	• <u>農用地面積</u> • 農地転用面積 • 耐久年数を経過したかんがいシステム	• 洪水件数 • 焼失した森林面積

1. 第1章で解説したとおり、これらの財は常に公共財であるわけではない。これらの財は私的財(例えば、利用価値を有する農村景観が特定の訪問者に対してのみ供給されるような場合は私的財になりうる。)や、環境被害をもたらす場合は、負の私的財や負の公共財になりうる(Kolstad, 2011)。このため、それぞれの事例において、これらの財が非競合性及び非排他性を有しているかどうかを注意深く検証する必要がある。
2. これらの指標は今回ケーススタディで取り上げた国のいずれかで用いられているものである。これらの指標は OECD や他の OECD 加盟国の見解を必ずしも反映したものではない。
3. <u>下線あり</u>:OECD 農業環境指標、下線なし:その他の指標

表3.4.は英国における農業環境公共財の供給状況を把握するため、いくつかの指標を取りまとめたものである。英国では、農業環境公共財の中には供給量が増加しているものもある一方、減少しているものもあり、複雑な構図になっていることがわかる。

　しかし、農業環境公共財の現在の供給状況を把握するためにこのような指標を用いることには注意を要する。第一に、多くの指標は、英国の例（表3.4.）のように、国レベルの情報のみを提示している。しかし、供給状況は、農場レベル、地方レベル、グローバルレベルで相当程度変わりうる。第二に、多くの指標は、環境状態の「変化」を把握するのに十分でない可能性がある。例えば、Saunders et al.（2009）はOECD農業環境指標を用いて、ニュージーランドにおける個々のキウィ果樹園の環境状態を評価しようとしたものの、これらの指標は果樹園毎のほ場レベルの変化を把握するのには使用することができなかった。様々な要因がどのように農業環境公共財に影響を与えるのかについて把握することは困難を伴う。第三に、多くの指標が必ずしも複数年にわたって収集されていない。ほとんどの統計では、現在（ある一時点）の供給状態だけしかわからない。第四に、生態系や水系システムにおいては、原因となる農法が、実際に環境に与える影響が目に見えるようになるのにかなりの時間を要する。最後に、ほとんどのデータは「質」を考慮していない。例えば、環境の質は、農地毎に異なる。しかし、統合されたデータでは個々の農場の環境の質の差異はわからない（Cooper et al., 2009; OECD, 2013b）。より細かく状況を把握するためには、詳細に制度設計され、かつ、定期的に更新される統計の整備が必要である。

いつ政府が介入すべきか

　これまで議論してきたとおり、農業環境公共財の需要と供給の規模を推計

表 3.4. 英国における農業環境公共財の傾向

農業環境公共財[1]	傾向	関連指標		出典
土壌保全と土壌の質	(+/)	・窒素収支 ・リン収支 ・土壌浸食の危険が中高程度の農地 ・土壌有機物	-30% (1990-2009) -54% (1990-2009) 6% (1999) から 17% (2002) -0.5% (イングランド及びウェールズ) (1979/81-1995)	・OECD (2013b) ・OECD (2013b) ・OECD (2013b) ・EA (2004) ・UKNEA (2011)
水質	↘	・窒素収支 ・リン収支 ・農薬販売高 ・表層水中のリン排出量に占める農業の割合	-30% (1990-2009) -54% (1990-2009) -56% (1990-2010) 29% (2000) から 19.5% (2009)	・OECD (2013b) ・OECD (2013b) ・OECD (2013b) ・UKNEA (2011) ・OECD (2013b)
水量	(+/)	・農業用水使用量 ・淡水使用量に占める農業の割合	-4% (1990/92 から 2006/8) 12% (1990/2) から 15% (2006/8)	・OECD (2013b) ・OECD (2013b) ・UKNEA (2011)
大気の質	↗	・農業由来のアンモニア排出量	-24% (1990 から 2011)	・OECD (2013b) ・Defra et al. 2013 ・UKNEA (2011)
気候変動－地球温暖化ガス排出	↗	・農業由来の地球温暖化ガス排出量 ・農業由来のメタン排出量 ・農業由来の亜酸化窒素排出量 ・農業でのエネルギー消費量	-20% (1990 から 2010) -20% (1990 から 2010) -20% (1990 から 2010) -23% (1990 から 2010)	・OECD (2013b) ・OECD (2013b) ・OECD (2013b) ・UKNEA (2011) ・OECD (2013b)
気候変動－炭素貯留	～	・農地の土壌炭素貯留量	微減 (イングランド) (1978-2007)	・Defra (2013)
生物多様性	↗	・農地の野鳥の数 ・農地の蝶の数	-36% (1990-2011) 及び -50% (1970-2011) -25% (1970-2011)	・OECD (2013b) ・Defra et al. (2013) ・RSPB (2013)

第3章　農業環境公共財関連の市場の失敗　73

| 農村景観 | (+/-) | • 農地面積
• 農村景観の変化 | • -6% (1990-2012)
• イングランドのNational Character Areasの64%で正の変化 (1999-2004) | • OECD (2013b)
• Defra et al. (2013)
• Defra (2012)
• UKNEA (2011) |
| 国土の保全 | (~) | • 農地面積 | • -6% (1990-2012)
• （データなし） | • OECD (2013b)
• Defra et al. (2013)
• UKNEA (2011) |

(減少)．(増加)．(+/-)（増加・減少データが存在)．(~)（データなし）．

注：
1. 第1章で解説したとおり、これらの財は常に公共財であるわけではない。これらの財は私的財（例えば、利用価値を有する農村景観が特定の訪問者に対してのみ供給されるような場合は私的財になりうる。）や、環境被害をもたらす場合は、負の財や負の公共財になりうる (Kolstad, 2011)。このため、それぞれの事例において、これらの財が非競合性及び非排他性を有しているかどうかを注意深く検証する必要がある。
2. 下線あり状況指標（農業環境公共財）；下線なし：要因指標（農業環境公共財に影響を与える要因）

出典：Jones et al. (2015). *Public Goods and Externalities: Agri-environmental Policy Measures in the United Kingdom* に基づき作成。

統計出典：
Defra (2013). *England Natural Environment Indicators*. Defra. London.
Defra (2012). *Observatory Monitoring Framework: Environmental impact: Landscape Indicator DF3: Landscape change*. Defra. London.
DEFRA/DARD/SG/WAG (2013). *Agriculture in the United Kingdom 2012*. Defra, Department of Agriculture and Rural Development (Northern Ireland), The Scottish Government, Rural and Environment Research and Analysis Directorate, Welsh Assembly Government, The Department for Rural Affairs and Heritage.
Environment Agency (EA) (2004). *The State of Soils in England and Wales*. Environment Agency, Bristol.
OECD (2013b). *OECD Compendium of Agri-environmental Indicators*. OECD Publishing, Paris. doi: 10.1787/9789264186217-en.
RSPB (2013). *RSPB Facts and Figures*, RSPB, Bedfordshire.
UK National Ecosystem Assessment (2011). *The UK National Ecosystem Assessment: Synthesis of the Key Findings*. UNEP-WCMC, Cambridge.

することは難しい。また、供給が需要と一致しているかどうかは、それぞれの農業環境公共財について適切な規模で吟味しなければならない[3]。ある農業環境公共財はグローバル公共財であることから、国レベル又は国際レベルでの調査が必要となる。一方、ある農業環境公共財は地方公共財であることから、市場の失敗の程度を調査するためには地方レベル、あるいは農場レベルのデータが必要となる。したがって、今回調査した5カ国において農業環境公共財が過小供給又は過剰供給にあるかどうか結論づけることは難しい。

しかし、農業環境公共財の供給は常に政府の介入を意味するものではないことから、この調査プロセスを経ることは重要である。公共財の非競合性、非排他性という特徴から、農業環境公共財の適切な量を供給することは難しいものの、農家は偶発的に適切な量を供給しうる。現に、農家がいくつかの農業環境公共財を自発的に供給している例がある。例えば、不耕起又は低耕起農法は、土壌浸食を減少させ、砂嵐を防ぎ、大気の質を向上させ、土壌炭素貯留を増加させることができる。この農法は、オーストラリア、アメリカなどで幅広く採り入れられているが、農家が不耕起又は低耕起農法を採用する主な理由は、発芽前の除草剤の効果が相対的に高く、燃料、労働力関係の費用を削減することができるといった経済的利点があるからである（D'Emden et al., 2008; Ebel, 2012; Pannell and Roberts, 2015; Shortle and Uetake, 2015）。農家が公共財の供給関連の私的便益を考慮すれば、政府の介入がなくても、農家がもっと農業環境公共財を供給し、供給が需要と偶発的に一致する可能性がある。このような場合にも政府が介入すると、過剰な政府の介入リスクがある。

この調査プロセスはまた、政府の介入の優先分野を明らかにすることにもつながる（OECD, 1994）。需要と供給の正確な量を推計することは難しいが、このプロセスによって、これらの大まかなトレンドを把握することができるかもしれない。公共財の場合政府の介入が必要だと主張するのは簡単である

が、政府の介入の優先順位と程度は個々の農業環境公共財の市場の失敗の程度によって変わりうるものである。農業環境公共財の需要と供給を調査することにより、どの農業環境公共財において最も大きな需給ギャップがあるのかなどが明らかになり得る。これは、どの農業環境公共財に政府が力を入れるべきかを判断する上でも役に立つ。このような調査は本書で取り上げているケーススタディ国ではあまり行われていない。

　また、農業環境公共財の過小供給がある場合でも、政府の介入は追加費用を伴うものである。したがって、政策による期待便益が期待費用を上回る必要がある。仮にある政策が費用より大きな便益をもたらす場合、政府の介入前よりも社会厚生を改善することができる（Pagiola et al., 2004; OECD, 2006; 2010）。政府の不介入の費用もまた、分析の際に考慮に入れなければならない。例えば、Stern（2006）は気候変動の安定化に伴う費用は莫大であるものの、行動しないことに伴う費用の方が更に莫大なものとなり得ると主張している。政府の不介入が政府の介入よりも大きな費用をもたらすような場合にも、政府の介入は正当化しうる（Weimer and Vining, 2010; Keech et al., 2012）。政府の介入が費用より大きな便益をもたらすかどうかは実証的な質問であり、個々の事例毎に分析する必要がある。

　オーストラリアやアメリカなど一部の国は、政府の介入前に費用便益分析を実施しようとしている。例えば、オーストラリアの「*Best Practice Regulation Handbook*（規制のためのベスト・プラクティス・ハンドブック）」（Australian Government, 2013）は、オーストラリア政府は、より良い政策決定を進めるため、規制の導入提案を行う場合には、間接的な影響も含めて様々な影響を考慮し、費用便益分析を行うとしている。しかし、実際にはこのような分析の実施は限定的なものとなっている。また、分析も、既存の限られたデータやリソースに頼っており、導き出された結論も必ずしも頑健（robust）なものとはなっていない。英国は、政策決定に自然環境への影響

を考慮するような試みを行っているものの、これらはまだ試行段階にある（Defra, 2007, 2010）。そして、費用便益分析の実施は、日本、オランダでは限られている。

　政府は市場の失敗を克服し、適切な量の農業環境公共財を供給するために介入する。しかし、しばしば、政府の介入は状況をさらに悪化させることとなる。政府の介入により非効率な状況が生じるいわゆる「政府の失敗」である。例えば、Olmstead（2010）はアメリカにおける水質保全について文献調査を行っている。彼女はアメリカの水質浄化法（Clean Water Act（CWA））は1980年代後半までは純便益をもたらしていたものの、それ以降は累積費用が累積便益を超過している状態にあると主張している。点源汚染と非点源汚染に対する適切なターゲティングと政策選択を行うことは当該分野における政府の失敗を克服するために考慮しなければならない重要な事項である。また、環境改善のパフォーマンスに基づく政策や水質取引といった革新的なアプローチによって、アメリカの水質改善プログラムの効果や効率性を改善させることができる可能性がある（Shortle and Uetake, 2015）。政府の不介入もまた、パレート非効率な結果となる可能性があり、この場合も受動的な政府の失敗とみなすことができる（Weimer and Vining, 2010; Keech et al., 2012）。

　政策立案者は政策の環境効果と費用対効果、行政費用や行政上の制約、そして平等性や所得分配といった社会的要因などの様々な基準を考慮する（OECD, 2006; 2010）。また、一部の農業環境政策はコミュニティ参加や人材育成（キャパシティ・ビルディング）に重点を置いている。政策立案者にとっての最重要課題は、平等性やその他の社会的要因も考慮に入れながら、環境目標を、農家の政策参加費用や政策関連の取引費用等を含めた全体の費用を最小限に抑えつつ達成することである（OECD, 2010）。

　最後に、いくつかの農業環境公共財は民間部門の協力によって供給されて

いる（OECD, 2005; 2013a）。例えば、英国では、民間部門による生態系サービスへの支払い（PES）に大きな関心が寄せられている。いくつかのパイロット・プロジェクトが主に水道会社によって進められている（例えば、South Water によるUpstream Thinking Project 等）（OECD, 2013a）（ボックス3.2.）。農業環境公共財の供給における民間部門の役割について取り扱うことは、本書の対象外ではあるが、この分野はさらに研究すべき分野の１つである。このような取組は、農業環境公共財に関連する市場の失敗に対処するための代替的なアプローチを提示することにつながる可能性がある。

> **ボックス3.2. 生態系サービスへの支払い：英国の上流地域考察プロジェクト**
>
> 　イングランド南西部の農村地帯では、集約型の畜産業及び酪農業が堆積物、養分、家畜排せつ物等による非点源水質汚染の主な汚染源となっている。「上流地域考察プロジェクト（Upstream Thinking Project）」は土地管理手法の改善を通じて原水の水質改善と水量の管理を行うことを目的とした原水の資源改善に関する新たな取組である。
>
> 　これまで伝統的に、水道会社は水質がよくない原水を処理する際には、費用の嵩むエネルギーと化学物質に頼ってきた。しかし、土地管理手法を改善することにより、表層水の流失と水質汚染を削減することができ、その結果、飲料水基準を満たすために必要となる水量を削減することができることが明らかとなった。このため、環境NGOであるSouth West WaterはWestcountry Rivers Trust（WRT）と協力しつつ、農家に対して、流域保全に関する情報提供と支援を通じて土地管理の改善を図るプログラムを「優れた土地管理のための総合アプローチ」の一環として

開始したところである。South West Waterは生態系サービスの受益者、また購入者として、原水の水質改善に関する経済的、生態学的、規制的便益があることを理解している。同社は個々の農家に合わせた一対一のアドバイスを行い、農家が環境と農場ビジネスの目標の両面に重点を置いた農場プランを立案することを支援している。そして、同社は、これらの農家の取組を財政支援（生態系サービスへの支払い）によって支援している。この支払いは、生態系サービスの成果というよりは、農場インフラや農法の改善のための投資行動に基づいて行われている。このプロジェクトは、イングランド南西部の水に関する経済性と環境面についての持続可能性の改善を図るとともに、生物多様性、炭素貯留、洪水リスクの低減といった生態系サービスの供給を図るものである。

出典：OECD（2013a），*Providing Agri-environmental Public Goods through Collective Action*（OECD編、植竹哲也訳（2014）『農業環境公共財と共同行動』）

注

1. 環境評価参照インベントリー（Environmental Valuation Reference Inventory）は様々な評価研究の結果を取りまとめている。カナダ環境省は、数多くの国際的な専門家と英国環境・食料・農業省、オーストラリア持続性・環境・水資源・人口・コミュニティ省、アメリカ環境保護庁、フランスエコロジー・持続可能開発・エネルギー省、ニュージーランド環境省等と協力し、環境評価参照インベントリーを立ち上げている。
2. どのように支払意思額（WTP）を農業環境政策の立案に用いるのかについての議論は、貿易政策を含む慎重かつ広範な検討が必要である。

この点について取り扱うことは本書の対象外である。
3　いくつかの国では、農業環境公共財の管理手法について農場レベルの管理を超えたランドスケープ・レベルでの検討を行っている。例えば、EUが助成しているCLAIMプロジェクトでは、ランドスケープ・レベルの管理改善を図るため、効果的な共通農業政策の立案を支える取組を行っている。

参考文献

Ahtiainen, H. et al. (2012), "Benefits of Meeting the Baltic Sea Nutrient Reduction Targets - Combining Ecological Modelling and Contingent Valuation in the Nine Littoral States", *MTT Discussion Papers 1*, MTT Agrifood Research Finland, Jokioinen.

Artell, J. (2013), *Recreation Value and Quality of Finnish Surface Waters: Revealed Preferences, Individual Perceptions and Spatial Issues*, MIT Science, No.23, MIT Agrifood Research Finland.

Arriaza, M. et al. (2008), "Demand for Non-commodity Outputs from Mountain Olive Groves", *Agricultural Economics Review*, Vol.9, pp.5-21.

Arrow, K. et al. (1993), "Report of the NOAA Panel on Contingent Valuation", *Federal Register*, Vol.58, No.10, pp.4602-4614.

Australian Government (2013), *Best Practice Regulation Handbook*, Australian Government, Canberra.

Bateman, I.J. et al. (2011), "Economic Analysis for Ecosystem Service Assessments", *Environmental and Resource Economics*, Vol.48, pp.177-218.

Bergstrom, J.C. and A. Randall (2010), *Resource Economics: An*

Economic Approach to Natural Resource and Environmental Policy, Edward Elgar, Cheltenham, UK and Northampton, MA.

Cameron, T.A. (1992), "Combining Contingent Valuation and Travel Cost Data for the Valuation of Nonmarket Goods", *Land Economics*, Vol.68, No.3, pp.302-317.

Cooper, T., K. Hart and D. Baldock (2009), *The Provision of Public Goods through Agriculture in the European Union*, report prepared for DG Agriculture and Rural Development, Contract No 30-CE-023309/00-28, Institute for European Environmental Policy, London.

Defra (2013), *England Natural Environment Indicators*, Defra, London.

Defra (2012), *Observatory Monitoring Framework: Environmental impact: Landscape Indicator DF3: Landscape Change*, Defra, London.

Defra (2010), *What Nature Can Do for You: A Practical Introduction to Making the Most of Natural Services, Assets and Resources in Policy and Decision Making*, Defra, London.

Defra (2007), *An Introductory Guide to Valuing Ecosystem Services*, Defra, London.

DEFRA/DARD/SG/WAG (2013), *Agriculture in the United Kingdom 2012*, Department for Environment, Food and Rural Affairs, Department of Agriculture and Rural Development (Northern Ireland), The Scottish Government, Rural and Environment Research and Analysis Directorate, Welsh Assembly Government, The Department for Rural Affairs and Heritage.

D'Emden, F.H., R.S. Llewellyn and M.P. Burton (2008), "Factors Influencing Adoption of Conservation Tillage in Australian Cropping Regions", *Australian Journal of Agricultural and Resource Economics*,

Vol.52, No.2, pp.169-182.

Diamond, P.A. and J.A.Y. Hausman (1994), "Contingent Valuation: Is Some Number Better than No Number?", *Journal of Economic Perspectives*, Vol.8, No.4, pp.45-64.

Environment Agency (EA) (2004), *The State of Soils in England and Wales*, Environment Agency, Bristol.

Ebel, R. (2012), "Soil Management and Conservation", In Osteen, C., J. Gottlieb and U. Vasavada (Eds.), *Agricultural Resources and Environmental Indicators, 2012 Edition*, US Department of Agriculture, Economic Research Service, Economic Information Bulletin Number 98.

European Commission (2011), *Attitudes of European Citizens towards the Environment*, Special Eurobarometer 365, European Commission, Brussels.

European Commission (2009), *The Europeans in 2009*, *Special Eurobarometer*, 308/Wave 71.1, European Commission, Brussels.

Fleischer, A. and Y. Tsur (2000), "Measuring the Recreational Value of Agricultural Landscape", *European Review of Agricultural Economics*, Vol.27, No.3, pp.385-398.

Goulder, L.H. and D. Kennedy (2011), "Interpreting and Estimating the Value of Ecosystem Services," in Kareiva et al. (2011) *Natural Capital: Theory and Practice of Mapping Ecosystem Services*, Oxford University Press, Oxford.

Hall, C., A. McVittie and D. Moran (2004), "What Does the Public Want from Agriculture and the Countryside? A Review of Evidence and Methods", *Journal of Rural Studies*, Vol.20, pp.211-225.

Hart, K. et al. (2011), *What Tools for the European Agricultural Policy to Encourage the Provision of Public Goods*, Study for the European Parliament, PE 460.053, June 2011.

Hein, L. et al. (2006), "Spatial Scales, Stakeholders and the Valuation of Ecosystem Services", *Ecological Economics*, Vol.57, pp.209-228.

Hellerstein, D. et al. (2002), *Farmland Protection: The Role of Public Preferences for Rural Amenities*, Agricultural Economic Report No.815, Economic Research Service/USDA.

Hodge, I. and M. Reader (2007), *Maximising the Provision of Public Goods from Future Agri-environment Schemes*, Final Report for Scottish Natural Heritage, Rural Business Unit, Department of Land Economy, University of Cambridge, Cambridge.

Howley, P. et al. (2014), "Contrasting the Attitudes of Farmers and the General Public regarding the 'Multifunctional' Role of the Agricultural Sector," *Land Use Policy*, Vol.38, pp.248-256.

Howley, P., C.O. Donoghue and S. Hynes (2012), "Exploring Public Preferences for Traditional Farming Landscapes", *Landscape and Urban Planning*, Vol.104, pp.66-74.

Hübner, R. and J. Kantelhardt (2010), "Demand for Public Environmental Goods from Agriculture: Finding a Common Ground", Paper presented at the 9th European IFSA Symposium, 4-7 July 2010, Vienna, Austria.

Jones, J., P. Silcock and T. Uetake (2015), "Public Goods and Externalities: Agri-environmental Policy Measures in the United Kingdom", *OECD Food, Agriculture and Fisheries Papers*, No. 83, OECD Publishing,Paris. DOI: http://dx.doi.org/10.1787/5js08hw4drd1-

en.
Keech, W.R., M.C. Munger and C. Simon (2012), "Market Failure and Government Failure", *Paper submitted for presentation to Public Choice World Congress*, 2012, Miami. Public Version 1.0—2-27-12.
Kling, C.L., D.J. Phaneuf and J. Zhao (2012), "From Exxon to BP: Has Some Number Become Better than No Number?", *Journal of Economic Perspectives*, Vol.26, No.4, pp.3-26.
Kling, C.L. (1997), "The Gains from Combining Travel Cost and Contingent Valuation Data to Value Nonmarket Goods", *Land Economics*, Vol.73, No.3, pp.428-439.
Kolstad, C.D. (2011), *Intermediate Environmental Economics: International Second Edition*, Oxford University Press, New York.
Land Trust Alliance (2010), *2010 National Land Trust Census Report: A Look at Voluntary Land Conservation in America*, Land Trust Alliance. Washington, D.C.
Madureira, L., J.L. Santos, A. Ferreira and H. Guimarães (2013), *Feasibility Study on the Valuation of Public Goods and Externalities in EU Agriculture: Final Report*, A Study Commissioned by European Commission Joint Research Centre, Institute for Prospective Technological Studies Agriculture and life Sciences in the Economy, Contract No.152423. University of Trás-os-Montes e Alto Douro.
McVittie, A., D. Moran and S. Thomson (2009), *A Review of Literature on the Value of Public Goods from Agriculture and the Production Impacts of the Single Farm Payment Scheme*, Rural Policy Centre Research Report, Report Prepared for the Scottish Government's Rural and Environment Research and Analysis Directorate

(RERAD/004/09), SAC, Edinburgh.

Moran, D., A. McVittie, D. Allcroft and D.A. Elston (2007), "Quantifying Public Preferences for Agri-environmental Policy in Scotland: A Comparison of Methods," *Ecological Economics*, Vol.63, pp.42-53.

OECD (2013a), *Providing Agri-environmental Public Goods through Collective Action*, OECD Publishing, Paris. DOI: http://dx.doi.org/10.1787/9789264197213-en. (OECD編、植竹哲也訳 (2014)『農業環境公共財と共同行動』筑波書房)

OECD (2013b), *OECD Compendium of Agri-environmental Indicators*, OECD Publishing, Paris. DOI: http://dx.doi.org/10.1787/9789264186217-en.

OECD (2012), *Evaluation of Agri-environmental Policies: Selected Methodological Issues and Case Studies*, OECD Publishing, Paris. DOI: http://dx.doi.org/10.1787/9789264179332-en.

OECD (2010), *Guidelines for Cost-effective Agri-environmental Policy Measures*, OECD Publishing, Paris. DOI: http://dx.doi.org/10.1787/9789264086845-en.

OECD (2006), *Cost-Benefit Analysis and the Environment: Recent Developments*, OECD Publishing, Paris. DOI: http://dx.doi.org/10.1787/9789264010055-en.

OECD (2005), *Multifunctionality in Agriculture: What Role for Private Initiatives?*, OECD Publishing, Paris. DOI: http://dx.doi.org/10.1787/9789264014473-en.

OECD (1999), *Cultivating Rural Amenities: An Economic Development Perspective*, OECD Publishing, Paris. DOI: http://dx.doi.org/10.1787/9789264173941-en. (OECD著、吉永健治、雑賀幸哉訳 (2001)『ルーラル

アメニティ―農村地域活性化のための政策手段』家の光協会）
OECD (1994), *Agricultural Policy Reform: New Approaches: The Role of Direct Income Payments*, OECD Publishing, Paris.
OECD (1992), *Agricultural Policy Reform and Public Goods*, OECD Publishing, Paris.
Olmstead, S. (2010), "The Economics of Water Quality". *Review of Environmental Economics and Policy*, Vol.4, No.1, pp.44-62.
Pagiola, S., K. von Ritter and J. Bishop (2004), "Assessing the Economic Value of Ecosystem Conservation", *Environment Department Papers*, No.101, The World Bank, Washington D.C.
Pannell, D. and A. Roberts (2015), "Public Goods and Externalities: Agri-Environmental Policy Measures in Australia", *OECD Food, Agriculture and Fisheries Papers*, No. 80, OECD Publishing, Paris. DOI: http://dx.doi.org/10.1787/5js08hx1btlw-en.
Piperno, S. and W. Santagata (1992), "Revealed Preferences for Local Public goods: The Turin Experiment", in D. King (eds.), *Local Government Economics in Theory and Practice*, Routledge, London.
Ribaudo, M., L. Hansen, D. Hellerstein and C. Greene (2008), *The Use of Markets to Increase Private Investment in Environmental Stewardship*, United States Department of Agriculture, Economic Research Service, Economic Research Report Number64, Washington D.C.
Rural Investment Support Europe (RISE) (2009), *RISE Task Force on Public Goods from Private Land*, Brussels.
RSPB (2013), *RSPB Facts and Figures*, RSPB, Bedfordshire, www.rspb.org.uk/about/facts.aspx, accessed 23/7/2013.
Sakuyama, T. (2005), *Incentive Measures for Environmental Services

from *Agriculture: Briefing Note on the Roles of Agriculture Project in the FAO: Socio-economic Analysis and Policy Implications of the Roles of Agriculture in Developing Countries*, Food and Agriculture Publications, Rome.

Saunders, C., G. Greer, B. Kaye-Blake and R. Campbell (2009), *Economics Objective Synthesis Report*, Agricultural Research Group on Sustainability, ARGOS Research Report: No.09/04, New Zealand.

Schrijver, R. and T. Uetake (2015), "Public Goods and Externalities: Agri-environmental Policy Measures in the Netherlands", *OECD Food, Agriculture and Fisheries Papers*, No. 82, OECD Publishing, Paris. DOI: http://dx.doi.org/10.1787/5js08hwpr1q8-en.

Shortle, J. and T. Uetake (2015), "Public Goods and Externalities: Agri-environmental Policy Measures in the the United States", *OECD Food, Agriculture and Fisheries Papers*, No. 84, OECD Publishing, Paris. DOI: http://dx.doi.org/10.1787/5js08hwhg8mw-en.

Stern, N. (2006), *Stern Review: The Economics of Climate Change*, Cambridge University Press, Cambridge.

Sundberg, J.O. (2006), "Private Provision of a Public Good: Land Trust Membership," *Land Economics*, Vol.82. No.3, pp.353-366.

Turner, R.K., D. Pearce and I. Bateman (1993), *Environmental Economics: An Elementary Introduction*, Johns Hopkins University Press, Baltimore.

UK National Ecosystem Assessment (2011), *The UK National Ecosystem Assessment: Synthesis of the Key Findings*. UNEP-WCMC, Cambridge.

Uetake, T. (2015), "Public Goods and Externalities: Agri-environmental Policy Measures in Japan", *OECD Food, Agriculture and Fisheries*

Papers, No. 81, OECD Publishing, Paris. DOI: http://dx.doi.org/10.1787/5js08hwsjj26-en.（植竹哲也著、植竹哲也訳（2016）『共同行動と外部性：日本の農業環境政策』筑波書房）

Weimer, D. and A.R. Vining（2010），*Policy Analysis: Concepts and Practice*, 5th Edition, Pearson Education Limited. Harlow.

内閣府（2008）『食料・農業・農村の役割に関する世論調査』、内閣府、東京

第 4 章

環境目標とリファレンス・レベル

　本章では、農業環境公共財の供給費用を誰が負担すべきか、また各国はどのように農業環境目標とリファレンス・レベルを設定しているのかについて議論する。「環境目標」は、農業部門が果たすべき最低限の環境の質を超えた、望ましいレベルの環境の質と定義される。また、「リファレンス・レベル」は農家が自らの費用で最低限果たすべき環境の質と定義される。リファレンス・レベルは環境に対する負の効果の削減と正の効果の供給の分岐点を定めるものである。本章は環境目標とリファレンス・レベルに関するいくつかの例を提示する。

リファレンス・レベルの枠組み

　農業環境公共財の市場の失敗が存在する場合、これらの財の供給を確保するため、何らかの形での公的介入が必要となりうる（Cooper et al., 2009; OECD, 2010a）。しかし、この場合でも、どの程度政府が介入すべきなのか、という疑問が残る。この点を考える上で、リファレンス・レベルの枠組みが役に立つ（OECD, 2001）。

　「リファレンス・レベル」は農家が自らの費用で最低限果たすべき環境の質と定義される。一方、「環境目標」は、当該国における農業部門が果たすべき最低限の環境の質を超えた、望ましいレベルの環境の質と定義される（OECD, 2001; 2010a）。

　しばしば、農家はリファレンス・レベルを超えて農業環境公共財を供給する。このような場合、農家や土地所有者は対価を受け取る権利を有しているかもしれない。一方、農業生産活動がリファレンス・レベルより下の環境サービスを供給しているような場合には、農家は自ら費用を負担してリファレンス・レベルまで環境レベルを引き上げることが求められる（汚染者負担原則：Polluter-Pays-Principle）（OECD, 1997）。

　図4.1.は4つの異なるケースにおける環境目標とリファレンス・レベルの関係を図示している。ここで［X^T］は環境目標、［X^R］はリファレンス・レベル、［X^C］は現在の農法に基づく環境レベルをそれぞれ示している。ケースAからDは全て同じ環境目標を有しているが、その環境目標を達成するための費用負担（すなわち、誰が支払い、誰が課金されるのか）がそれぞれ異なる（OECD, 2001; 2010a）。

- **ケースA**の場合、現在の農法に基づく環境レベルがリファレンス・レベルと同じレベルの環境の質を提供しており（$X^C = X^R$）、これらは環

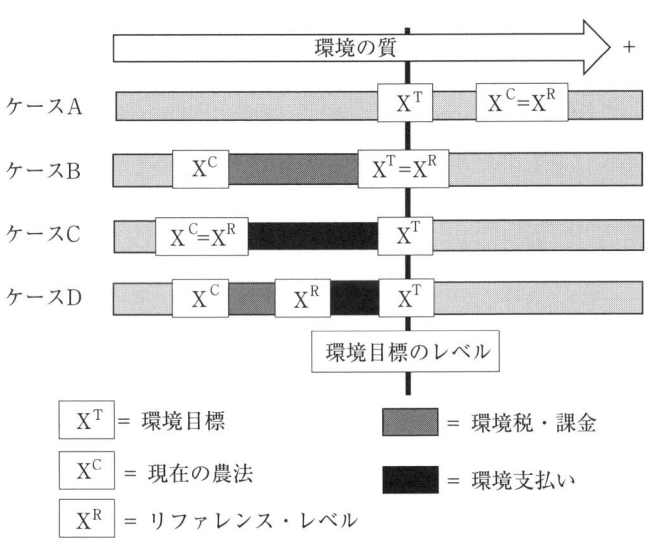

図 4.1. 環境目標とリファレンス・レベル

出典: OECD（2001）, Improving the Environmental Performance of Agriculture: Policy options and market approaches, OECD Publishing, Paris. DOI: http://dx.doi.org/10.1787/9789264033801-en.

境目標（X^T）より高いレベルとなっている。したがって、農家は既に社会的に望ましい環境面での成果を達成するために必要とされる農法を採り入れている状況にある。環境目標（X^T）とリファレンス・レベル（X^R）を機会費用を要せず・達成することができるのであれば、政府の介入の必要はない。この場合、一般的に、リファレンス・レベル（X^R）は現在の農法（環境にやさしい農法）（X^C）によって達成されており、その費用は農家と、一部、これらの農産物を購入する消費者によって負担されている。

- **ケースBの場合**、環境目標と同じレベルに設定されているリファレンス・

レベル（$X^T=X^R$）より現在の農法（X^C）の環境パフォーマンスが低くなっている。この場合、農家は環境汚染を発生させている状況であり（$X^C<X^R$）、望ましい環境目標（X^T）を達成するために求められる農法を自らの費用で採り入れる必要がある（汚染者負担原則：Polluter-Pays-Principle）。農家が自らの費用で農法を採り入れない場合は、政府は農家に対して費用負担を求めるため、環境税や課徴金を課す必要があるかもしれない。

- **ケースC**の場合、現在の農法がリファレンス・レベルに相当する環境パフォーマンスを達成している（$X^C=X^R$）状況であり、このリファレンス・レベルは環境目標（X^T）より低いものとなっている。この場合、農家は現在の農法（X^C）から環境目標（X^T）を達成するため必要とされる農法へと農法を見直すために必要な環境支払いを受け取る必要がある可能性がある。

- **ケースD**の場合、ケースCと同様、現在の農法（X^C）が環境目標（X^T）より低い環境パフォーマンスとなっている。しかし、リファレンス・レベル（X^R）については、現在の農法に基づく環境レベル（X^C）より高く、環境目標（X^T）より低いレベルとなっている。この場合、環境パフォーマンスを改善するため、農家はリファレンス・レベル（X^R）に達するまでは自ら費用を負担して適切な農法を採り入れる必要がある。農家が自らの費用でこのような農法を採り入れない場合は、政府は農家に対して費用負担を求めるため、環境税や課徴金を課す必要があるかもしれない。一方、リファレンス・レベル（X^R）を超えて環境目標（X^T）を達成するまで環境パフォーマンスを改善することを農家に求めるためには、農家に対して環境支払いを支払う必要がある可能性がある。

環境目標やリファレンス・レベルの定義は各国毎に異なることが知られて

いる（OECD, 2010a）。しかし、各国がどのように環境目標とリファレンス・レベルを定義しているのかについて調査している研究はほとんど存在しない。したがって、本書は各国がどのように農業環境公共財に関する環境目標とリファレンス・レベルを設定しているのかについて明らかにする試みを行う。本章ではまず環境目標について議論し、続いてリファレンス・レベル、最後にリファレンス・レベルと財産権との関係について議論する。

環境目標

　生物多様性や水質などそれぞれの農業環境公共財について、明確な環境目標を設定することは重要である。環境目標は社会が達成しようとする環境の質の望ましいレベルである。政府は、要すれば、農家が農業環境公共財を適切な量だけ供給し、これらの環境目標を達成するために必要となる支援を行っている。各国は様々な農業環境公共財について環境目標を設定しており、そのうちのいくつかは、より広範な環境問題の一環として設定されている。例えば、日本は環境基本法に基づき「環境基準」を設けている。環境基準は政策の理想的な目標を決定するものであり、農業分野だけでなく、全産業を対象としたものである。現在、農業に関連する環境基準としては、大気の質、水質、土壌の質に関する環境基準がそれぞれ設定されている（Uetake, 2015）。またEUでは、いくつかの戦略や指令（例えばEU生物多様性戦略（EU Biodiversity Strategy）、EU水政策枠組み指令（EC Water Framework Directive））が農業関連の公共財だけでなく、一般的な環境目標を設定している（Jones et al., 2015; Schrijver and Uetake, 2015）。環境目標は、環境改善を図ることを目指すことが理想であるが、多くの農業環境状況が悪化していることを踏まえると、現状を維持することも環境目標となりうる。

　原則として、環境目標は環境改善の成果又は供給されている農業環境公共

財の状況と直接関連している目標とすべきである。しかし、今般取り上げたOECD各国における環境目標についての分析の結果、多くの農業環境公共財について環境目標は必ずしも明確に定義されていないことが明らかとなった。実際には代理指標や要因指標（農業環境公共財に影響を与える要因に関する指標）が用いられている場合が数多くある。例えば日本の「生物多様性国家戦略2012-2020」（日本政府, 2012）は日本における農業生物多様性を含む生物多様性に関する様々な目標を設定している。当該戦略には農業環境指標、非農業環境指標を含め計50の数値目標がある。そのうち農業環境指標としては、①農業投入財や農法に関する指標（例：農業生産工程管理（Good Agricultural Practice: GAP）導入産地数、すべての農薬について登録保留基準等を策定）、②営農形態に関する指標（例：エコファーマー累積新規認定件数、地域共同活動への延べ参加者数）、③農業インフラに関する指標（例：中山間地域等の農用地面積の減少を防止、農業集落排水処理人口整備率）がある。しかし、これらの数値目標の一部は、環境改善の成果、すなわち、生物多様性の状況との間に明確な関連性を見い出すのが難しい。また、オーストラリアの主な農業環境プログラムの1つである「国土の愛護計画（Caring for Our Country）」も具体的な目標をいくつか設定しているが、その一部は、やはり直接的に土壌の質や生物多様性を対象とする指標ではない代理指標や要因指標（例：土壌の質や生物多様性の改善を図るための農法を採り入れている農家数）となっている（Pannell and Roberts, 2015）。

　定量的な目標がなく、代わりに、定性的な目標が設定されている場合もある。例えば、農村景観の保全は日本、オランダ、英国にとって重要な農業環境公共財であるが、これらの目標は、しばしばある地域の農村景観を保全することといった定性的なものとなっている。このような状況は、政策評価の実施を困難なものとしている（Jones et al., 2015; Schrijver and Uetake, 2015; Uetake, 2015）。

また、各政策の目標が曖昧な場合もしばしばある。生物多様性の保全といった総合的な環境目標がある場合でも、どの程度ある政策（例：環境保全型農業に対する環境支払い）が当該目標達成に貢献し、どの程度その他の政策（例：技術支援や普及事業）が当該目標達成に貢献しようとしているのかが明らかではない（Jones et al., 2015; Schrijver and Uetake, 2015; Uetake, 2015）。

　さらに、環境目標が設定されていない場合もある。例えば、日本では炭素貯留についての環境目標は適当なデータや知見不足から設定されていない（Uetake, 2015）。環境目標はSMARTの法則（スマートの法則）（Specific（具体的）、Measurable（測量可能）、Attainable（達成可能）、Realistic（現実的）、Timely（期限が明確））といった一般的に受け入れられている基準に基づいて設定されるべきであり（OECD, 2010b）、当該法則はオーストラリアなどの一部の国で採用されている（Pannell and Roberts, 2015）。しかし、これまで議論してきたとおり、環境目標のほとんどが、実際にはSMARTではない。

　環境目標は社会の環境の質に対する選好によって変わる（OECD, 2010a）。環境目標は歴史的、文化的背景、経済発展のレベルや国際協定に基づいて決定されるが、リファレンス・レベルに比べて、政治的な懸念や関心がより直接的に目標設定の際に反映される。環境目標の効率的な設定にあたっては、農業環境の向上を追求することに伴う便益と、農業生産性の減少や農業関連の財やサービスの消費の減少に伴う厚生の損失とのバランスをとらなければならない（OECD, 2010a）。

リファレンス・レベル

　環境目標が設定されたら、当該目標を達成するための費用を誰が負担すべきかを判断するため、リファレンス・レベルを決定する必要がある。リファ

レンス・レベルは環境に対する負の効果と環境に対する正の効果の分岐点を定めるものである（OECD, 1997）。**図4.1.**の枠組みに基づき、本書ではリファレンス・レベルをいくつかのケーススタディ国に適用している。**図4.1.**の**ケースA**（優れた農法）は政府の介入を必要としないことから、本書は残りの3ケースに議論を絞ることとする。ケースB（環境税・課金）、ケースC（環境支払い）、ケースD（環境税・課金と環境支払い）のそれぞれに当てはまるケースが今回取り上げたOECD各国において複数存在している。

ケースBは汚染者負担原則（Polluter-Pays-Principle）が適用される場合である。この場合、環境の質を改善するため、農家は環境目標のレベルに設定されているリファレンス・レベル（$X^T = X^R$）まで自ら費用を負担しなければならない。環境への負の影響を削減するための費用の負担を農家に求める規制（例：農薬規制、水質規制）が多く設定されている。しかし、本書で取り上げた5カ国の中では、リファレンス・レベルが環境目標と同じレベル（$X^T = X^R$）に設定された例はほとんど存在しなかった。このような例の1つは、オーストラリアにおける悪臭と家畜排せつ物に関連する大気汚染規制である。この大気汚染規制を守るための手段として、オーストラリアでは州毎に、集約的な畜産業を人口集中市域から離れた地域に設けることとする計画が主にとられている（Pannell and Roberts, 2015）。この場合、畜産農家は環境目標を自ら費用を負担して達成しなければならない。しかし、ほとんどの場合、環境目標はリファレンス・レベルを超えて設定されているため（$X^T > X^R$）、環境支払い等その他の政策が、環境目標を達成するために環境税・課金とともに実施されている。

ケースCは農家が農業環境公共財の供給に対して報酬を受け取ることができる場合である。本書による分析の結果、炭素貯留のほとんどの場合は、このケースCに相当することが明らかとなった（例：日本、オランダ、英国）。炭素貯留は比較的新しい課題であることから、現在の農法を基準に（$X^C =$

X^R)、政府は環境支払いを通じて特定の農法を採用することを働きかけるなどして、炭素の貯留量の増加を図ろうとしている（$X^T>X^R$）。

　農業環境公共財のいくつかのケースは**ケースD**（環境税・課金と環境支払い）に該当する。例えば、生物多様性の一部のケースがこのケースDに相当する。オーストラリアとアメリカでは、絶滅危惧種は連邦政府、州政府の法律により規制、保護されている。いくつかの州では、湿地帯や原植生の保護が行われている。この場合、土地所有者は、土地利用に関して本来であれば得ていたであろう私的な所得が存在したり（機会費用）、環境に対する負の影響を緩和するための費用を負担しなければならず、これらがオーストラリアとアメリカにおける事実上の生物多様性に関するリファレンス・レベルとなっている。さらにこれらの国では、生物多様性の更なる保護を図り、環境目標を達成するため、財政支援が講じられている（例：オーストラリアの「国土の愛護計画（Caring for Our Country）」、アメリカの「環境改善奨励計画（Environmental Quality Incentives Program（EQIP））」、「土壌保全保留計画（Conservation Reserve Program（CRP））」、「保全管理計画（Conservation Stewardship Program（CSP））」）（Pannell and Roberts, 2015; Shortle and Uetake, 2015）。

リファレンス・レベルと技術支援

　OECD（2001）によって提示された上記の４つのケースに加えて、今回の分析により実際には農業環境支払いの代わりに普及事業と技術支援が用いられる**ケースE**（環境税・課金と技術支援）が存在することが明らかとなった。では、技術支援とリファレンス・レベルの関係はどうなっているのだろうか。**図4.2.**は簡単なモデルでこの関係を図示している。当該図は、**図4.1.**のケースDと類似した状況を示している。この図では、現在の農法に基づく環境レベル（X^C）は環境目標のレベル（X^T）より低い環境パフォーマンスとなって

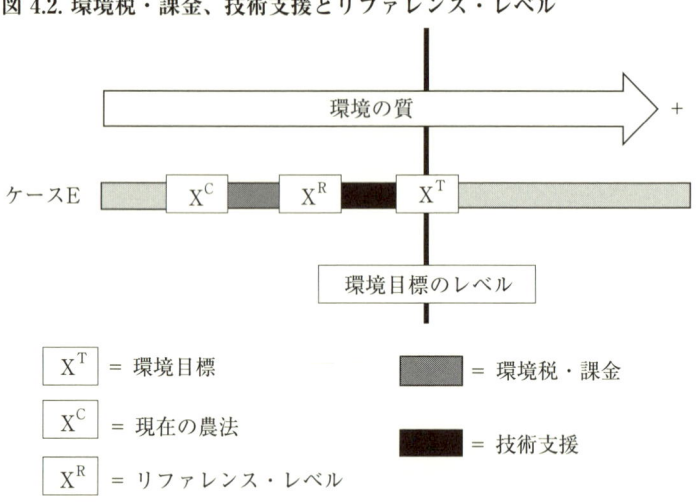

図 4.2. 環境税・課金、技術支援とリファレンス・レベル

環境の質 +

ケースE　X^C　X^R　X^T

環境目標のレベル

X^T = 環境目標　　　　　　　　　= 環境税・課金
X^C = 現在の農法　　　　　　　　= 技術支援
X^R = リファレンス・レベル

いる。また、リファレンス・レベル（X^R）は現在の農法に基づく環境レベル（X^C）より上、環境目標のレベル（X^T）よりは下のレベルに設定されている。農家は環境パフォーマンスを改善するため、リファレンス・レベル（X^R）まで自ら費用を負担して適切な農法を採り入れなければならず、仮に採り入れない場合は、政府は環境税や罰則を科す必要がある可能性がある。これはケースDと同様である。しかし、このケースではリファレンス・レベル（X^R）を超えて環境目標（X^T）まで農家による環境パフォーマンスを更に改善するため、環境支払いの代わりに、技術支援が用いられている。Pannell（2008）は技術支援と普及事業は公的便益に加えて、農家に対する私的便益がある場合に有効であるとしている。彼の研究によると、政府が農家に対して環境保全型農業を採り入れることを説得しようとしても、これらの農法が農家に対して追加的な費用負担を求めるような場合、農家は必ずしもこれらの農法を採用しない可能性がある。

例えば、日本における農業に関する水質の点源汚染は、この**ケースE**に相当する。水質汚濁防止法によって設定されたリファレンス・レベルを達成するため、畜産農家は水質汚染を防止するための規制基準を自ら費用を負担して満たさなければならない。しかし、水質に関する環境目標は、環境基本法に基づく環境基準によって、リファレンス・レベルより高いレベルに設定されている。環境基準は、日本における人の健康の保護及び環境の保全を図る上で望ましい基準を定めるものであり、これらは行政上の目標となっている。現在日本では、農家による水質向上のための自発的な取組を促進し、水質に関する目標を達成するため、技術支援、普及事業が主に用いられている[1](Uetake, 2015)。

　リファレンス・レベルに関しては、①どのようにリファレンス・レベルが達成されるのか、そして②どのようにリファレンス・レベルが設定されているのか、この2点について検討することが重要である。

　図4.1.が図示しているとおり、リファレンス・レベルは現在の農法（ケースA及びC）、環境税・課金（ケースB、D）のいずれかによって達成される。リファレンス・レベルを達成するための費用についてはその定義から農家が負担することになる。このため、リファレンス・レベルは環境支払いによって達成されるものではない。一方、2つ目のリファレンス・レベルの設定については、特に規制とクロス・コンプライアンスが重要となる。

リファレンス・レベルと規制

　農家はしばしば規制を満たすことによってリファレンス・レベルを達成することを要求されている。一般的に、規制レベルとリファレンス・レベルは同じレベルとなっており、農家は環境に対する負の影響を緩和するために必要な措置を講じる（**図4.3.のケースF**）。しかし、リファレンス・レベルと規制レベルは常に同一ではない。しばしば、環境改善を図るために規制レベル

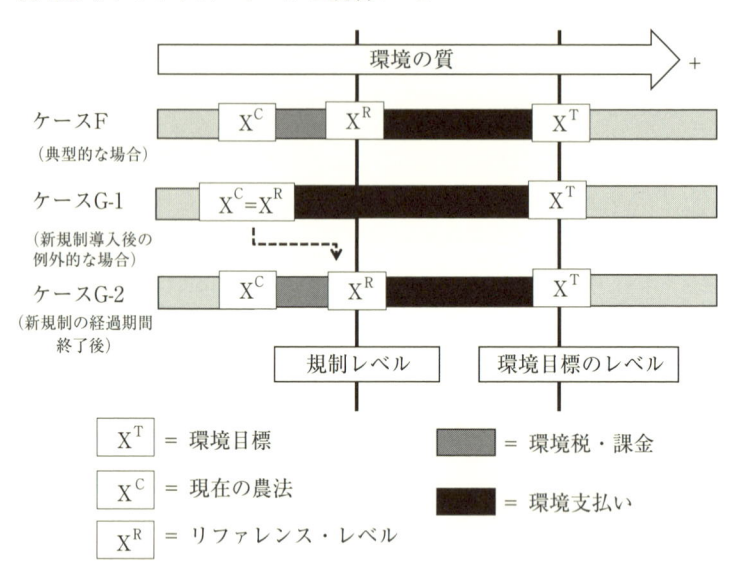

図 4.3. リファレンス・レベルと規制レベル

X^T = 環境目標		= 環境税・課金
X^C = 現在の農法		= 環境支払い
X^R = リファレンス・レベル		

が現在の農法の環境レベルを超えて設定され、政府が環境支払いを含む経過措置を講じることがある。例えば、日本、オランダ、英国では、畜産関係の環境問題に対処し、水質、土壌の質、大気の質を改善するため、畜産農家に対して、家畜排せつ物を処理するための適切な施設を導入することを要求している。また、関係政府機関は農家がこの高い環境水準を満たすことを支援するため、技術支援を行うとともに、場合によっては財政支援を講じている (Jones et al., 2015; Schrijver and Uetake, 2015; Uetake, 2015)。この場合、規制レベルはリファレンス・レベルを超えて設定されており、規制レベルを満たすための費用は社会が負担していることとなる（**図4.3.のケースG-1**）。しかし、これらの政府の支援は過渡的なものであるべきであり、リファレンス・レベルは徐々に規制レベルまで引き上げられるべきであることに注意しなければならない（**図4.3.のケースG-2**）。

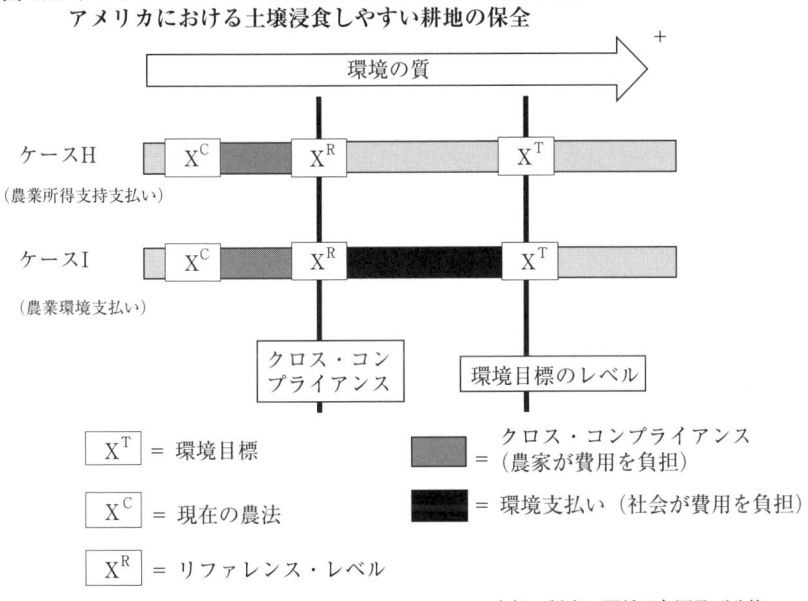

**図 4.4. リファレンス・レベルとクロス・コンプライアンス：
アメリカにおける土壌浸食しやすい耕地の保全**

環境の質 →

ケースH （農業所得支持支払い）: X^C … X^R … X^T

ケースI （農業環境支払い）: X^C … X^R … X^T

クロス・コンプライアンス — 環境目標のレベル

- X^T ＝ 環境目標
- X^C ＝ 現在の農法
- X^R ＝ リファレンス・レベル
- （灰）＝ クロス・コンプライアンス（農家が費用を負担）
- （黒）＝ 環境支払い（社会が費用を負担）

注：クロス・コンプライアンス、リファレンス・レベル、支払い制度の関係は各国及び政策対象となっている農業環境公共財によって変わりうる（OECD, 2010c）。

リファレンス・レベルとクロス・コンプライアンス

「クロス・コンプライアンス」とは、農家が農業所得支持政策を受けるための要件として、満たさなければならない環境パフォーマンス関連の一連の条件を言う。クロス・コンプライアンスは農業所得政策と環境政策を結びつけるものである（OECD, 2010c）。

例えば、アメリカはOECD加盟国で初めてクロス・コンプライアンスを導入した国である。アメリカではクロス・コンプライアンスは土壌保全（Sodbuster）と湿地帯保全（Swampbuster）のために用いられている。例えば、土壌浸食しやすい農地を耕して農産物を生産する農家が農業所得支持政策に加入する際、ほとんどの場合において、土壌保全と土壌の質を保護す

るため、同時に、適切な土壌浸食防止策（X^R）を講じることが求められている（**図4.4.のケースH**）。また、「環境改善奨励計画（Environmental Quality Incentives Program（EQIP））」、「土壌保全保留計画（Conservation Reserve Program（CRP））」、「保全管理計画（Conservation Stewardship Program（CSP））」といった環境保全のための支払いを受けようとする農家は、連邦政府による農業環境支払いによる支援を受けずに、自らの農場全体が環境基準に適合しなければならないこととされている（**図4.4.のケースI**）(Shortle and Uetake, 2015; OECD, 2010c)。

どのようにリファレンス・レベルは設定されるのか？

本書においてケーススタディ国におけるリファレンス・レベルを分析したところ、いくつかのリファレンス・レベルは明示的に定義されているものの、その他のリファレンス・レベルは不明確であったり、黙示的にしか設定されていないことが明らかとなった。例えば、日本では、水質と土壌の質について、共に具体的な環境目標とリファレンス・レベルが設定されている。これらの公共財のリファレンス・レベルは1960-70年代に様々な産業による環境汚染が問題となった際に設定された。これらの汚染防止基準は農家だけでなく、その他の産業従事者も満たさなければならない。このような最低限の基準（例：水質規制）は一般的に化学的知見に基づいて設定される（Uetake, 2015）。

他方、炭素貯留など一部の農業環境公共財については、日本、オランダ、英国では、リファレンス・レベルが明示的に設定されていない（Jones et al., 2015; Schrijver and Uetake, 2015; Uetake, 2015）。これはリファレンス・レベルが存在しないことを意味するのではなく、現在の農法に基づく環境レベルが事実上のリファレンス・レベルとなっていることを意味している（**図4.1.のケースC**）。

表4.1. 農業環境公共財に影響を与える要因と環境面での成果に関するリファレンス・レベル：オランダの例

農業環境公共財[1]	リファレンス・レベル	
	農業環境公共財に影響を与える要因 (Driving force) （農業投入財と農法、農業インフラ）	環境面での成果 （農業環境公共財）
土壌保全と土壌の質	• 土壌管理、農業投入財規制、刈り株管理、緑肥用植物、低耕起管理、汚水・沈殿物管理、硝酸塩脆弱地域における規制	-
水質	• 土壌管理、農業投入財規制、農薬散布禁止地域の設定、硝酸塩脆弱地域における規制	• 窒素流出管理
水量	• 水利権	• 地下水層・水量管理
大気の質	• 土壌管理、野焼き管理、汚水・沈殿物管理、硝酸塩脆弱地域における規制 • 集約的産業型農業経営（主に豚・鶏）による汚染防止管理	-
気候変動 – 地球温暖化ガス[2]	-	-
気候変動 – 炭素貯留[2]	-	-
生物多様性	• 生息地域・特別地域の保護 • 耕作・野焼き規制 • 環境影響評価	• 野鳥保護
農村景観	• 生け垣、緑の回廊、その他景観的要素の保全	-
国土の保全[3]	• 堤防・水路の管理	

1. 第1章で解説したとおり、これらの財は常に公共財であるわけではない。これらの財は私的財（例えば、利用価値を有する農村景観が特定の訪問者に対してのみ供給されるような場合は私的財になりうる。）や、環境被害をもたらす場合は、負の私的財や負の公共財になりうる（Kolstad, 2011）。このため、それぞれの事例において、これらの財が非競合性及び非排他性を有しているかどうかを注意深く検証する必要がある。
2. 気候変動（地球温暖化ガス、炭素貯留）については、現在の農法に基づく環境レベルがリファレンス・レベルとなっている。

出典：Schrijver and Uetake (2015), *Public Goods and Externalities: Agri-environmental Policy Measures in the Netherlands* 及び Hart, K. et al. (2011), *What Tools for the European Agricultural Policy to Encourage the Provision of Public goods*.に基づき作成。

リファレンス・レベルはまた、農業環境公共財に影響を与える要因（例：農業投入財や農法）又は、直接環境面での成果（すなわち、農業環境公共財）を対象に設定される（OECD, 2010c）。表4.1.はオランダの事例を取り上げ、どのようにリファレンス・レベルが農業環境公共財に影響を与える要因と環境面での成果に関して設定されているのかを取りまとめている。表4.1.が示しているとおり、ほとんどのリファレンス・レベルは農業投入財の管理方法（例：農薬・肥料の使用管理）といった農業環境公共財に影響を与える要因に関して設定されている。今回取り上げたOECD加盟国の中では、大気の質や国土の保全など一部の農業環境公共財に関して、環境面での成果に係るリファレンス・レベルを設定している例が見られなかった。これは、これらの農業環境公共財については、農家だけでは環境状態をコントロールすることが難しく、農家が十分にコントロールできないものについてまで農家に費用負担を求めることは、社会的に合意形成を得るのが困難なためであると考えられる。

リファレンス・レベルを設定する範囲や規模も、課題の1つである。国レベルではなく、場合によっては地域や地方レベルでリファレンス・レベルを設定する方が好ましい場合も想定される。例えば、日本の景観法は、地域に対して農村景観を含む景観計画を立案することを促している。地域住民や農家は景観保全のための将来計画を自ら決定する。そして彼らは環境保全型農業の推進を通じて、どの景観をどのように保全するのか自ら決めることとなる。このように日本では国レベルの農村計画に関する環境目標及びリファレンス・レベルは設定されておらず、地域レベルで設定されている（Uetake, 2015）。

リファレンス・レベルの変更

リファレンス・レベルは時間の経過とともに変わりうる。例えば、日本で

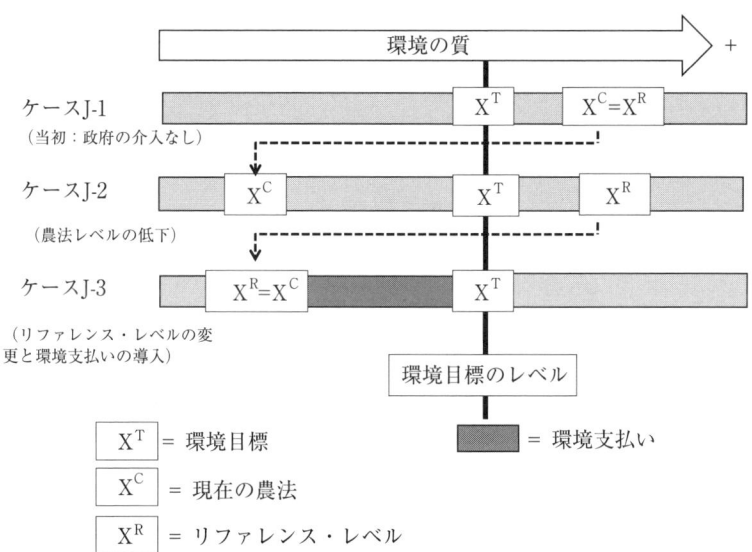

第4章 環境目標とリファレンス・レベル　105

図4.5. リファレンス・レベルの変更：
日本の農業用水路と関連する農業環境公共財の例

環境の質 →　＋

ケースJ-1　　　　　　　　　　　　X^T　　$X^C = X^R$
（当初：政府の介入なし）

ケースJ-2　　　　　X^C　　　　X^T　　　　X^R
（農法レベルの低下）

ケースJ-3　　$X^R = X^C$　　　　　X^T
（リファレンス・レベルの変
更と環境支払いの導入）

環境目標のレベル

X^T ＝ 環境目標　　　　　＝ 環境支払い
X^C ＝ 現在の農法
X^R ＝ リファレンス・レベル

は農業用水路の維持管理は農家が自ら費用を負担して行ってきた。その当時は、リファレンス・レベルと農家による維持管理レベルが一致し、これらは環境目標より上位にあったと整理できる（$X^R = X^C > X^T$）（**図4.5.のケースJ-1**）。しかし、農業従事者数の減少と高齢化のため、農家による維持管理レベルが低下し、農業用水路の管理が困難となった（$X^R > X^T > X^C$）（**図4.5.のケースJ-2**）。したがって、水路を管理し、水源かん養機能、洪水防止機能、生物多様性といった関連する農業環境公共財の供給を確保し、環境目標を達成するため、水路の管理を行う農家・非農家から構成される地域組織に対して環境支払いを行う制度を導入することを決めた。この場合、リファレンス・レベルが政策によって引き下げられたと整理することができる（$X^T > X^R = X^C$）（**図4.5.のケースJ-3**）。このリファレンス・レベルの変更は、需要サイ

ドから説明することができる。従前は、農業用水路というものは主に農家のためのものであり、非農家や地域は少なくとも明示的にその価値を認識していなかった。しかし、水路に関連する農業環境公共財の重要性がより広く認識されるようになり、地域社会がこれらの財の受益者として、管理費用の一部負担を求められるようになったと整理することができる。

リファレンス・レベルの引き上げ努力

いくつかの国では、最低限の基準や規制を超えて、リファレンス・レベルを引き上げようとする取組が行われている。例えば、オーストラリアでは、生物多様性を保全するため、農業生産のために原植生を開拓することを規制するなど、農業環境公共財に関連する法律や規制が複数存在する（**図4.6.のケースK-1**）。これらの規制に加えて、オーストラリアは、「注意義務（Duty

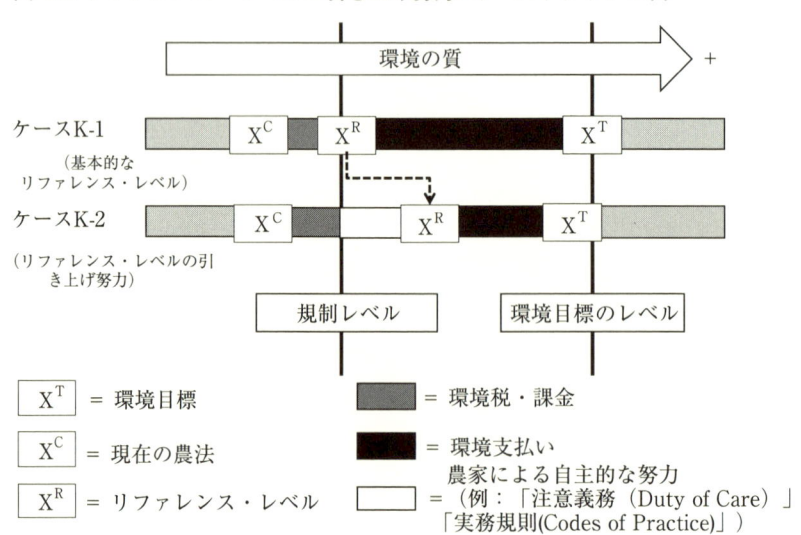

図 4.6. リファレンス・レベルの引き上げ努力: オーストラリアの例

ケースK-1
（基本的な
リファレンス・レベル）

ケースK-2
（リファレンス・レベルの引き上げ努力）

環境の質

X^C　X^R　X^T

X^C　X^R　X^T

規制レベル　　環境目標のレベル

X^T = 環境目標　　　　　　　　　　= 環境税・課金
X^C = 現在の農法　　　　　　　　　= 環境支払い
　　　　　　　　　　　　　　　　　　　農家による自主的な努力
X^R = リファレンス・レベル　　　　= （例：「注意義務（Duty of Care）」
　　　　　　　　　　　　　　　　　　　「実務規則（Codes of Practice）」）

of Care)」や「実務規則（Codes of Practices）」といった自主規制的アプローチを取ることで、農家に対して環境保全を求め、環境改善のための費用の一部の負担させている（**図4.6.のケースK-2**）。しかし、これらの取組は財政支援のない完全に自主的なものであるため、農家の取組は限定的なものに留まり、その効果も限られている（Pannell and Roberts, 2015）。

また、新たな規制を導入することは通常リファレンス・レベルの引き上げを意味する。**図4.3.**で議論したとおり、新たな規制レベルはしばしば環境改善を図るために現行の農法レベルを超えて設定され、農家は当該規制を達成するための費用を負担しなければならない。水質、大気の質に関する規制など、多くの環境規制が1970年代に導入され、これらの規制はリファレンス・レベルを引き上げることとなった。

環境目標達成後のリファレンス・レベル

農家と社会が環境目標を達成したら、一般的に、政府の関与が引き続き必要かどうかについて慎重な検討が必要である（**図4.7.**）。現在の農法は選択されたリファレンス・レベルを達成しているが（$X^C = X^R$）、環境目標より下に位置するとする（X^T）。そして、環境目標を達成するため、環境支払いが導入され（**図4.7.のケースL-1**）、農家は徐々に環境保全型農業を採り入れ、環境目標と同じ環境レベルを達成することができたとする（$X^C = X^T$）（**図4.7.のケースL-2**）。この場合、政府は環境目標までリファレンス・レベルを引き上げ、環境支払いを廃止することを検討するかもしれない（**図4.7.のケースL-3**）。しかし、この際には、継続的な政府の介入がなくても、環境目標の環境レベルを維持することができるかどうかについて検証しなければならない。政府が支援を廃止した場合、農家は環境目標を維持することが困難となり、環境の質の低下を招くことになる可能性がある（**図4.7.のケースL-4**）。仮に政府による支援を続ける場合であっても、政策アプローチの見直しが必

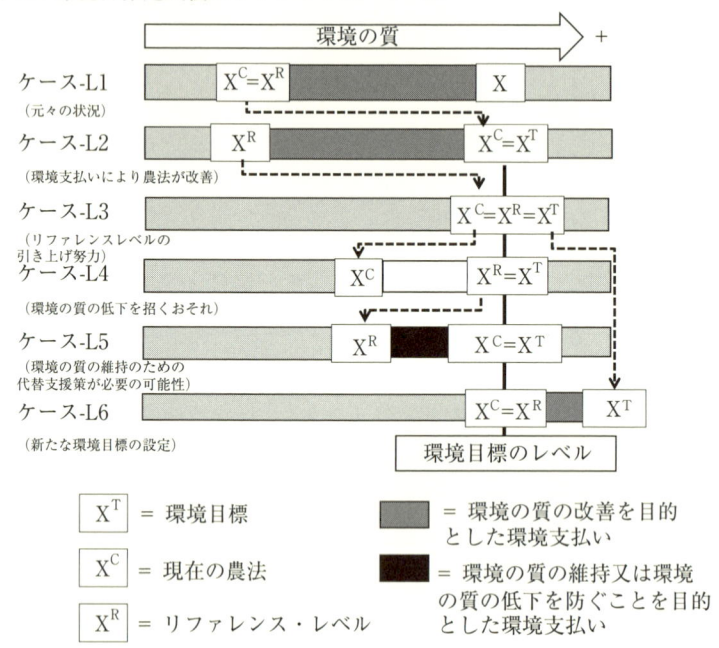

図 4.7. 環境目標達成後のリファレンス・レベル

ケース-L1 （元々の状況）
ケース-L2 （環境支払いにより農法が改善）
ケース-L3 （リファレンスレベルの引き上げ努力）
ケース-L4 （環境の質の低下を招くおそれ）
ケース-L5 （環境の質の維持のための代替支援策が必要の可能性）
ケース-L6 （新たな環境目標の設定）

X^T = 環境目標
X^C = 現在の農法
X^R = リファレンス・レベル

■ = 環境の質の改善を目的とした環境支払い
■ = 環境の質の維持又は環境の質の低下を防ぐことを目的とした環境支払い

要となる可能性がある。一般的に、環境の質を改善するためのアプローチと、環境の質の維持又は悪化を防ぐためのアプローチや解決方法は異なるものになりうる。このような場合に、引き続き環境改善を図るための政策を実施すると、政策・行政費用が追加的な便益を上回ってしまう可能性がある。このため、政府は環境の質の維持又は悪化を防ぐための政策へと政策転換を図る必要があるかもしれない（**図4.7.のケースL-5**）。また、当初の環境目標よりも、更に環境の質の向上を図ることを社会が望む場合も想定される。このような場合、政府は環境改善を図るための環境支払いを継続する必要があるかもしれない（**図4.7.のケースL-6**）。

リファレンス・レベルと農業環境公共財の受益者

　政府はリファレンス・レベルと農業環境公共財に関連する費用負担を決定する上で重要な役割を果たすが、農業環境公共財の関連費用の配分については、地域コミュニティのような受益者によっても間接的に影響を受ける。多くの場合、農業環境公共財の供給は特定の個人に対して便益や費用を生じさせる (OECD, 1992)。特に農業環境公共財の供給が地域レベルで行われる場合、これらの受益者を特定することが容易となる。この場合、これらの受益者は、リファレンス・レベルを超えて環境の質の向上を図ることに伴う費用の一部を負担すべきであると考えられる（受益者負担の原則：Beneficiary-Pays-Principle）(OECD, 1996; Defra, 2013)。オーストラリアの「国土の愛護計画 (*Caring for Our Country*)」や日本の「農地・水保全管理支払交付金（旧農地・水・環境保全向上対策）」などの農業環境公共財を維持・供給するためのコミュニティ・ベースのアプローチは、農家だけでなく、非農家も共同行動に参加し、農業環境公共財の供給を支援する（すなわち、供給費用の一部を負担する）ことから、この例の1つである (OECD, 2013)（**図4.8のケースM**）。この場合、リファレンス・レベル (X^R) を超えて、一部の費用を地域コミュニティが負担している。

　また、農業環境公共財の一部は、農家にも便益をもたらす。例えば、質の良い土壌は、農家に対する私的便益（例：生産性の向上）と社会に対する公的便益（例：土壌浸食防止、炭素貯留、生物多様性）の両方をもたらす。このような場合、農家が自らの費用でもって達成しなければならない最低限の環境の質 (X^R) を超えて、農家は追加的費用の一部を負担すべきである。そして政府は農家に対して追加的費用の負担を求めるため、費用分担型環境支払いを用いることがある。この場合、プログラムに参加する農家は追加的費用の一部を自ら負担しなければならない（**図4.8.ケースN**）。このような例

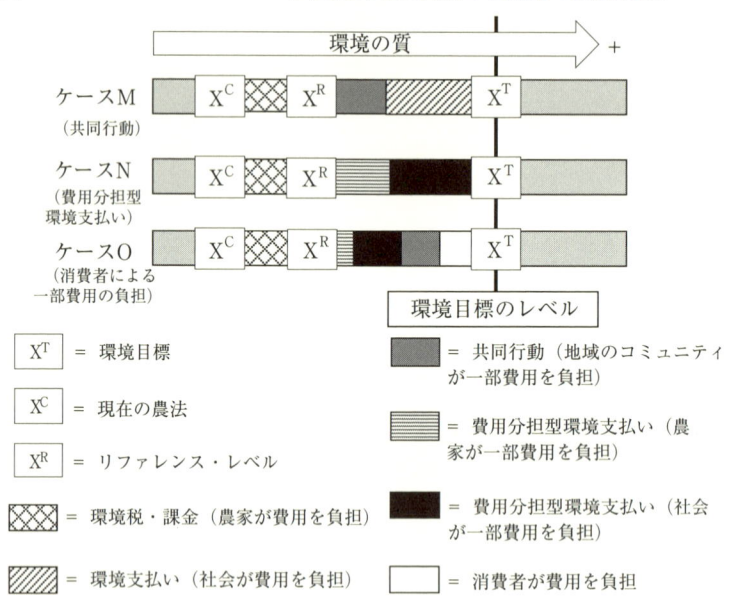

図 4.8. リファレンス・レベル、農業環境公共財の受益者と費用負担

環境の質 +

ケースM（共同行動）： X^C ／ X^R ／ ／ X^T

ケースN（費用分担型環境支払い）： X^C ／ X^R ／ ／ X^T

ケースO（消費者による一部費用の負担）： X^C ／ X^R ／ ／ X^T

環境目標のレベル

- X^T ＝ 環境目標
- X^C ＝ 現在の農法
- X^R ＝ リファレンス・レベル
- ＝ 環境税・課金（農家が費用を負担）
- ＝ 環境支払い（社会が費用を負担）
- ＝ 共同行動（地域のコミュニティが一部費用を負担）
- ＝ 費用分担型環境支払い（農家が一部費用を負担）
- ＝ 費用分担型環境支払い（社会が一部費用を負担）
- ＝ 消費者が費用を負担

としては、アメリカの「環境改善奨励計画（Environmental Quality Incentives Program（EQIP））」などがある（Shortle and Uetake, 2015）。どの程度農家が費用を負担するかは農家が享受する便益によって異なる。

本書では、これまで消費者が負担する費用については議論してこなかった。多くの場合、消費者も食品を購入する際に、農業環境公共財の費用の一部を負担している。例えば、表示制度は、消費者がどのように食品が生産されているのかを理解することを助けるものであり、一部の消費者は環境にやさしい方法で生産された食品を購入する際に追加費用を支払っている（RISE, 2009）[2]。これらの農業環境公共財は、通常、農家と地域コミュニティにも便益をもたらしている。したがって、**図4.8.のケースO**のように、消費者による費用負担も考慮に入れつつ地域コミュニティの関与や費用負担型環境支

払いが導入された場合、政府が環境目標を達成するために実施しなければならない環境支払いの必要額は、**図4.1.のケースD**で想定したものと比べ、相当程度低いものとなる可能性がある。便益の発生状況に応じて、適切な費用負担の方法も変わりうることから、異なるグループに属する人々の費用と便益を特定し、それらを推計することが重要となる（OECD, 1992）。

リファレンス・レベルをどこに設定すべきか？

これまで議論してきたとおり、本書はリファレンス・レベルの様々なケースを提示している。これらは農業環境公共財の供給費用を誰が負担すべきかについて検証する際に有益である。しかし、今回取り上げたOECD加盟国では、リファレンス・レベルと環境目標は必ずしも明示的に定義されていない。したがって、リファレンス・レベルと環境目標に関する更なる議論が必要である。

農業環境公共財の需要者と供給者を特定することは、費用負担について議論するための最初の一歩である。汚染者負担原則（Polluter-Pays-Principle）や受益者負担の原則（Beneficiary-Pays-Principles）といった原則、あるいは、費用分担型のアプローチや地域コミュニティの参加などは、どこにリファレンス・レベルを設定し、どのように異なるグループ間で費用を配分するのか決める際に役に立つ。経済的及び環境的側面は考慮すべき重要事項であるが、農家、消費者、納税者などのグループ内、及びグループ間の経済的費用、便益の配分に関する平等性といった社会的側面を考慮することも重要である（OECD, 2010a）。政策立案者は、環境に対する効果、経済効率性、その他の便益や費用（行政費用を含む）、平等性や所得分配といった要素のトレードオフについて、リファレンス・レベルを決定する際に判断しなければならない。

リファレンス・レベルを決定する際の行政的な手続きについては、例えば

英国とオランダの場合、政府及び政府関連機関が科学的知見、専門家による分析、国民との対話に基づいて決定し、国際的約束又は欧州委員会の約束や政策として通報される。多くの農業環境公共財について、この手続きは共通農業政策（CAP）における各国の農村振興計画（RDPs）の一環として行われる（Jones et al., 2015; Schrijver and Uetake, 2015）。日本においては、専門家会合が通常開催され、パブリック・コメントを実施し、国民の意見を踏まえた上でリファレンス・レベルが決定される。農家が遵守しなければならない最低限の基準を設定する際には、科学的知見に基づいた議論が行われる。一般的に、制度の大枠は法律によって規定されることが多いが、具体的な目標はしばしば行政文書によって定められる（Uetake, 2015）。

環境リファレンス・レベルは費用分担の平等性、歴史的・文化的背景、歴史的な社会的選好、経済発展の状況（途上国は人口、貧困、飢餓等の理由から先進国よりリファレンス・レベルが低いことがあり得る）、汚染の程度、条約、財産権等に基づき設定される（OECD, 2010a; 2010c）。特に、財産権がリファレンス・レベルに大きな影響を与える要因となる。

リファレンス・レベルと財産権

財産権はリファレンス・レベルに関して重要な役割を果たす。ある土地の財産権がある農業環境公共財（例えば、土壌の質、水質、生物多様性等）に関する社会的要望に対して優越権を有しているような場合に、環境目標の追求をすることは、この財産権を侵害することになることから、補償が必要となる可能性がある（OECD, 2010c）。反対に、消費者や社会が財産権を有している場合は、農家は農業生産活動に関連する財産権の損失（汚染だけでなく、低品質な農業環境公共財の供給や過小供給を含む）に対して、補償をしなければならない。

リファレンス・レベルは財産権によって法的に定義されることがある。このような場合、河川の堤防の維持や歴史的建造物の保存義務などの義務が課される。リファレンス・レベルはまた、黙示的に設定されることもある（OECD, 1999）。

　農業環境公共財に対する財産権を誰が有しているのかを特定することが難しい場合がしばしば存在する。土地やその借地人に関する財産権はしばしば明確に確立されている。しかし、所有権は必ずしもその所有者が関連する農業環境公共財の責任を取らなければならないことを意味するものではない。例えば、地域のコミュニティが水路の水質や水量に関する財産権を有しているかもしれず、河川沿いの土地所有者が、水の取扱いを自由に決定する権利を有していないかもしれない。この場合、土地の所有権と水質と水量に関する財産権が同一の主体に帰属していない（OECD, 1999）。

　農業環境問題に関する社会目標や優先順位、経済発展や人口密度の状況は様々であることから、財産権は時間の経過とともに変化しうる（Colby, 1995; OECD, 1999, 2001）。それに応じて、農家が自らの環境パフォーマンスに関して、報酬を受けたり、課金されたりする場合も変化することとなる。財産権とリファレンス・レベルの設定は、文化的な伝統、平等性、効率性といった複雑な問題を伴うものである（OECD, 2001; 2010a）。

　いずれにしろ、農業の環境に対する影響をどのように考慮にいれ、関係者間の費用負担をどのように決定するかについては、環境目標の設定と環境リファレンス・レベルの定義に応じて、ケースバイケースの対応が必要となる。その際は、誰に対して報酬を支払い、誰が損害の責任を負うのかについて決定することになることから、既存の財産権を誰が有しているのかを特定し、対応を決定する必要がある（OECD, 2001; 2010a）。**ボックス4.1.**は今回事例研究を行ったOECD加盟国の財産権とリファレンス・レベルの例を例示している。

環境目標とリファレンス・レベルが設定されたら、政府の介入が必要となる可能性がある。次章では、事例研究を行ったOECD加盟国における農業環境公共財のための政策について分析する。

ボックス4.1. 財産権とリファレンス・レベル：OECD各国の例

オーストラリア

　オーストラリアは農産物生産者に対して水の割り当てをする際に市場機能を大変多く活用している。オーストラリアの水取引によって、希少な水資源を最も効率的で生産的な使用方法に割り当てることが可能となっている。その結果、持続的でかつ効率的な水使用を実現するための非常に重要な機会が生み出されている。このオーストラリアの取組は、一連の制度改革・財産権の改革によって、機能的な水市場を設立しやすくしたことによって支えられている。オーストラリアでは法律を制定し、州政府が水資源を公共のために管理することを明確化している（OECD, 2010d）。農家は水を使用するためには水利権を獲得する必要がある。水利権は他の農家によって保有されているため、仮にある農家がもっと水を使用したいと考えた場合、当該農家は他の農家から自らの費用で当該水利権を購入する必要がある。この場合、リファレンス・レベルは農業環境公共財に影響を与える要因（driving forces）、すなわち、水利権に設定されていると整理できる。この水市場の成功のためには、水の権利に関する安定的な法制度、水に関する現実をきちんと反映した取引ルール、第三者に対する負の影響を制限・管理するシステム、頑強な取引プラットフォーム、会計システムなどの要素が必要である。技術的、政治

的、社会的、文化的、管理的観点から多くの課題があるが、オーストラリアにおいては、水市場はうまく設立され、そして、関係者と政府から幅広い支持を受けている（Pannell and Roberts, 2015）。

日本

　日本においては、**ボックス2.1.**で紹介したように里山景観（二次的自然）が重要であると考えられている。しかし、農地の財産権は農家が所有しており、農家は里山景観を維持する義務を有しているわけではない。農地の一部は都市利用に転用されたり、耕作が放棄されている。その結果、一部の景観は維持することが難しい状況となっている。この場合、農家が財産権を有していることから、リファレンス・レベルは現行の農法に基づく環境レベルに設定されている。里山景観を保全するため、一部の地域では、棚田の保全を目的とした棚田オーナー制度が導入されている。この棚田オーナー制度では実際の財産権は農家の手元に残るものの、景観の受益者（景観の維持に関心を有する市民）が棚田の一部の「オーナー」となり、市民が農家に対して会費を支払うことによって、農家による棚田と里山景観の保全を支援する。この場合、農家は自らの費用で達成することが義務づけられているレベル（リファレンス・レベル）を超えて景観保全活動を行っていることから、報酬を受け取っている。

アメリカ

　アメリカでは、歴史的に、河川等への排出について財産権が設定されておらず、その結果、水は汚染に対してオープンアクセス資源となり、汚染者は下水の排出に関して費用負担を求められていなかった。そのため、深刻な水質問題が生じてしまった。この問題に対処し、水質管理を行うため、アメリカは1972年に水質清浄法（Clean Water Act（CWA））

を制定し、同法によって、実質的に点源汚染に関する表層水へのアクセスを国有化した。そして、水に対して財産権が設定されたことから、点源汚染の汚染者（家畜飼養経営体）は下水を排出する際には排出許可を得なければならないこととなった。水に関する財産権によって設定されたリファレンス・レベルを満たすため、点源汚染の汚染者（家畜飼養経営体）は費用を負担しなければならないこととされたのである。しかし、農業の非点源汚染については、大部分が規制対象外となっており、ほとんどの農家は汚染を削減するために費用を負担するのではなく、実際には汚染を削減するために支払いを受けている状況にある（Shortle and Uetake, 2015）。

注
1 水質改善を図ることを目的とした環境支払い制度が、例えば、家畜排せつ物の管理の適正化及び利用の促進に関する法律（家畜排せつ物法）など、いくつか存在する。しかし、家畜排せつ物法の主要目的は、悪臭等の畜産環境問題に対処するとともに、家畜排せつ物の再利用を通じて土壌の質の向上に貢献することである。
2 消費者に費用負担を求めることは、平等性の観点から様々な議論を招くことになり得る。高い食品価格は、貧困層等の社会的に不利な状況下にある集団に対して逆進的である。

参考文献

Colby, B.G. (1995), "Bargaining Over Agricultural Property Rights", *American Journal of Agricultural Economics*, Vol.77, pp.1186-1191.

Cooper, T., K. Hart and D. Baldock (2009), *The Provision of Public Goods through Agriculture in the European Union*, report prepared for DG Agriculture and Rural Development, Contract No30-CE-023309/00-28, Institute for European Environmental Policy, London.

Defra (2013), *Payments for Ecosystem Services: A Best Practice Guide*, Defra, London.

Hart, K., D. Baldock, P. Weingarten, B. Osterburg, A. Povellato, F. Vannie, C. Pirzio-Biroli and A. Boyes (2011), *What Tools for the European Agricultural Policy to Encourage the Provision of Public Goods*, Study for the European Parliament, PE 460.053, June 2011.

Jones, J., P. Silcock and T. Uetake (2015), "Public Goods and Externalities: Agri-environmental Policy Measures in the United Kingdom", *OECD Food, Agriculture and Fisheries Papers*, No.83, OECD Publishing,Paris. DOI: http://dx.doi.org/10.1787/5js08hw4drd1-en.

Kolstad, C.D. (2011), *Intermediate Environmental Economics: International Second Edition*, Oxford University Press, New York.

OECD (2013), *Providing Agri-environmental Public Goods through Collective Action*, OECD Publishing, Paris. DOI: http://dx.doi.org/10.1787/9789264197213-en.（OECD編、植竹哲也訳（2014）『農業環境公共財と共同行動』筑波書房）

OECD (2010a), *Guidelines for Cost-effective Agri-environmental Policy*

Measures, OECD Publishing, Paris. DOI: http://dx.doi.org/10.1787/9789264086845-en.

OECD (2010b), *Evaluating Development Co-operation: Summary of Key Norms and Standards*, OECD, Paris, http://www.oecd.org/development/evaluation/dcdndep/41612905.pdf.

OECD (2010c), Environmental Cross Compliance in Agriculture, OECD, Paris, http://www.oecd.org/tad/sustainable-agriculture/44737935.pdf.

OECD (2010d), Sustainable Management of Water Resources in Agriculture, OECD Studies on Water, OECD Publishing, Paris. DOI: http://dx.doi.org/10.1787/9789264083578-en.

OECD (2001), *Improving the Environmental Performance of Agriculture: Policy Options and Market Approaches*, OECD Publishing, Paris. DOI: http://dx.doi.org/10.1787/9789264033801-en.

OECD (1999), *Cultivating Rural Amenities: An Economic Development Perspective*, OECD Publishing, Paris. DOI: http://dx.doi.org/10.1787/9789264173941-en.（OECD著、吉永健治、雑賀幸哉訳（2001）『ルーラルアメニティ―農村地域活性化のための政策手段』家の光協会）

OECD (1997), *Environmental Benefits from Agriculture: Issues and Policies*, OECD Publishing, Paris.

OECD (1996), *Amenities for Rural Development: Policy Examples*, OECD Publishing, Paris.

OECD (1992), *Agricultural Policy Reform and Public Goods*, OECD Publishing, Paris.

Pannell, D. (2008), "Public Benefits, Private Benefits, and Policy Intervention for Land-use Change for Environmental Benefits", *Land Economics*, Vol.84, No.2, pp.225-240.

Pannell, D. and A. Roberts (2015), "Public Goods and Externalities: Agri-Environmental Policy Measures in Australia", *OECD Food, Agriculture and Fisheries Papers*, No. 80, OECD Publishing, Paris. DOI: http://dx.doi.org/10.1787/5js08hx1btlw-en.

Rural Investment Support Europe (RISE) (2009), *RISE Task Force on Public Goods from Private Land*, Brussels.

Schrijver, R. and T. Uetake (2015), "Public Goods and Externalities: Agri-environmental Policy Measures in the Netherlands", *OECD Food, Agriculture and Fisheries Papers*, No. 82, OECD Publishing, Paris. DOI: http://dx.doi.org/10.1787/5js08hwpr1q8-en.

Shortle, J. and T. Uetake (2015), "Public Goods and Externalities: Agri-environmental Policy Measures in the the United States", *OECD Food, Agriculture and Fisheries Papers*, No. 84, OECD Publishing, Paris. DOI: http://dx.doi.org/10.1787/5js08hwhg8mw-en.

Uetake, T. (2015), "Public Goods and Externalities:Agri-environmental Policy Measures in Japan", *OECD Food, Agriculture and Fisheries Papers*, No. 81, OECD Publishing, Paris. DOI: http://dx.doi.org/10.1787/5js08hwsjj26-en.（植竹哲也著、植竹哲也訳（2016）『共同行動と外部性：日本の農業環境政策』筑波書房）

日本政府（2012）、『生物多様性国家戦略2012-2020　～豊かな自然共生社会の実現に向けたロードマップ～』、日本政府、東京．

第5章

農業環境公共財の供給のための政策

> 本章では農業環境公共財を供給するための政策について分析し、どの政策がどの農業環境公共財を対象としているのかについて分析する。多くの政策が複数の農業環境公共財を対象とし、それぞれの農業環境公共財に関して複数の政策が実施されている。しかし、ある政策がどの程度農業環境問題に対処し、その他の政策がどの程度同問題に対処しようとしているのかについては、必ずしも明らかではない。したがって、政策の費用対効果を上げるため、農業環境公共財の供給に影響を与える要因に対象を絞る（ターゲティングする）ことの重要について議論する。

農業環境政策の概要

　環境規制、環境税、取引可能な許可証、農業環境支払いなど、様々な農業環境政策が農業環境公共財の供給のためにOECD加盟国において実施されている。農業環境政策の特徴については、2010年のOECDレポート「費用対効果の高い農業環境政策のためのガイドライン（*Guidelines for Cost-effective Agri-environmental Policy Measures*）」（OECD，2010a）において議論され、取りまとめられている。ボックス5.1.ではこれまでのOECDでの研究に基づいて、農業環境政策の概要を取りまとめている。

　表5.1.は今回取り上げたOECD加盟国で実施されている農業環境政策をまとめたものである[1]。この表は、対策の一覧を示している。

　しかし、表5.1.はどの農業環境政策がどの農業環境公共財に対して用いられているのかについての詳細を示しておらず、この点については過去のOECDの研究においても実施されていない。農業環境政策の目標は往々にして一般論として述べることは簡単であっても、正確に定義し、測定することは困難である。また、政策の目的が相互に関連していたり、ある農業生産活動の見直しが複数の効果を持つこともあることから、様々な政策が同時に複数の目的に対処している。個別の政策については、各国のケーススタディ・レポートにおいて詳述されており（Jones et al., 2015; Pannell and Roberts, 2015; Schrijver and Uetake, 2015; Shortle and Uetake, 2015; Uetake, 2015）、一般的な農業環境政策の特徴については2010年のOECDレポート「費用対効果の高い農業環境政策のためのガイドライン（*Guidelines for Cost-effective Agri-environmental Policy Measures*）」（OECD，2010a）において議論され、取りまとめられている。このため、本章での分析は、農業環境公共

第5章　農業環境公共財の供給のための政策　　123

表5.1. 農業環境問題に対する対策 [1]

対策/国	オーストラリア	オランダ	日本	英国	アメリカ
規制的手法					
環境規制	XXX	XXX	XX	XX	X
環境税/課金	NA	X	NA	NA	NA
環境クロス・コンプライアンス [2]	NA	XXX	XX	X	XX
経済的手法					
農法に対する環境支払い	X	XXX	XXX	XXX	XXX
休耕に対する環境支払い	NA	X	X	NA	XXX
固定資産に対する環境支払い	NA	X	X	XX	X
環境成果/パフォーマンス・ランキングに基づく環境支払い	NA	NA	NA	NA	X[3]
取引可能な許可証	X	X	X	NA	X
共同行動対策	XX	X	NA	XX	NA
技術的手法					
技術支援/普及事業	XX	XX	XX	XX	XXX

注：NA－（ほとんど）実施されていない；X－重要性（低）；XX－ 重要性（中）；XXX－重要性（高）

1. 本表における政策の重要性は、それぞれの国における重要性を示しているものであり、各国間での重要度の比較を行うことを目的に作成したものではない。
2. 環境クロス・コンプライアンスは農家が農業所得支払いを受給するための事実上の規制的条件となっているとみなすことができる（Vojtech, 2010）。
3. アメリカでは、「保全管理計画（Conservation Stewardship Program （CSP））」がポイント・システムを用いて保全パフォーマンス・ランキングを作成し、当該ランキングに基づいて申請者を選別し、環境支払いの支払い額を決定している。しかし、保全管理計画のパフォーマンス評価は実際の環境面での成果に基づくものではなく、各種取組の関連する環境便益を表すスコアリング表に基づくものであることに注意する必要がある（Shortle and Uetake, 2015）。

出典: Vojtech, V. (2010), "Policy Measures Addressing Agri-environmental Issues", DOI:http://dx.doi.org/10.1787/5kmjrzg08vvb-en.に基づき OECD 事務局作成。

財の供給に向けたより良い政策を立案することを目的に、ターゲティング、複数の目的、ポリシーミックスについて焦点を絞って行うこととする。

ボックス5.1. 農業環境政策

　環境規制とは、生産者の選択（入口）又は市場取引に適さない生産物（出口）を規制するものである。「入口規制（input standards）」とは、生産過程、技術、使用する製品、その使用方法に関する規則など、生産に影響を与える要因についての規制を定めたものである。一方、「出口規制（perfermance standards）」とは、農業の非特定汚染源からの汚染物質の排出を規制するものである。入口規制は、生産者に対して、環境問題に対する費用対効果の高い解決策を見つけ出すための柔軟性や動機を付与するものではない。しかし、出口規制では、指定された基準を満たすための手段を生産者自身が選択することができることから、通常、農家はより低コストで基準を達成することが可能となる（OECD, 2010a）。

　環境税は、農業由来の負の外部性を削減したり、正の外部性を増加させたりするために利用することができる（例えば、正の外部性の創出に対して減税を行う）。税は、外部性に関する費用の内部化や削減に活用することができる。「汚染者負担の原則」（Polluter-Pays-Principle: PPP）もまた重要な概念である。「汚染者負担の原則」とは、社会に与えた損害全体の程度に応じ、あるいは、汚染が許容されるレベルを超えた場合に、汚染の当事者が汚染対策費用を負担するという原則である（OECD, 2001）。「汚染者負担の原則」を適用する場合は、社会的に最適な生産水準が達成されるように負の外部性への課税を行う必要がある（OECD, 2011）。

　クロス・コンプライアンスは農業所得支持支払いを受給するために農家に対して特定の環境要件や環境パフォーマンスのレベルを満たすことを要求する仕組みである（OECD, 2010a, 2010b; Vojtech, 2010）。

農業環境支払いは、農業環境公共財の供給を図るのに利用することができる。「定額補助」で、農家のプログラム参加関連費用や農業環境公共財の供給に関する地域の違いが考慮されない場合、このような環境支払いの費用対効果は必ずしも高くならない可能性がある。しかし、交付対象を、こうした財を供給する個人に限定することでこの問題を軽減することができる（OECD, 2010a）。この問題に対処するための補助金制度の設計は、情報の非対称性の存在により困難を伴う。しかし、「オークション（競売）」は、入札を通じて、農家のプログラム参加関連費用や純支払意思額を明らかにすることができることから、有効なものとなる可能性がある。オークションにより、農家のプログラム参加に関連する情報費用を削減し、農業環境支払い制度の費用対効果を上げることができる（OECD, 2010a）。さらに、より一般的に、政策設計の際には、個人が情報を誠実に明らかにするよう、インセンティブ両立性メカニズム（プログラム参加者が情報を明らかにする仕組み）を組み込む必要がある。

　取引可能な許可証では、伝統的な環境規制よりも低い社会費用で環境目標を達成することができる。環境当局が個々の事業者の削減費用を知らない場合であっても、許可証を取引することにより、関係者による費用対効果が高い環境保全活動を進めることができる（OECD, 2010a）。

　共同行動対策は技術支援や農業環境支払いを通じて農家と非農家による共同行動を促進する政策である。共同行動によって参加者は各々が有する資源の相乗効果を生み出し、個々の農家では対応出来ない大規模な農業環境公共財の供給や管理を可能にすることができる。ほとんどの農業環境政策は通常農家個人を対象としているが、OECD加盟国の一部では、共同行動を特に対象とした政策を講じている（OECD, 2013）。

　技術支援は農家に対して環境にやさしい農法を計画し、採り入れるた

めに必要な農場関連情報の提供や技術的な助言を行うものである（Vojtech, 2010）。

農業の環境目的に対するターゲティング

　広範なターゲットされていない政策と比べて、正確な目的に対してターゲットした政策は、正確なニーズに対して対策を調整することによって、少ない資源の移転でより高い効果を上げることが期待できる。「ターゲットされた政策」とは、具体的な目的を達成するために、特定の地域の特定の営農形態に対して支援を行う政策である（OECD, 2007a; 2008）。そして、環境ターゲティングによって、農業環境公共財の供給費用に比べて最も多くの便益を生み出すことができる分野に資源を集中することができる。しかし、ターゲティングは、予算を不均衡に配分する結果となり、平等性に対する懸念を生じさせることとなり得る（Claassen et al., 2001）。

　農業環境公共財の供給に当たっては、農家や農業環境公共財がそれぞれ異なる性質を有していること、対象である公共財によって異なるタイプや複雑性のレベル、様々な規模が存在することを考慮に入れなければならない。したがって、ターゲティングは重要な概念の1つである。例えば、多くのOECD諸国において幅広く実施されている定額・定率補助の支払いは、農家が対策を講じる際に必要な費用が農家によって異なることや農業環境公共財の地域特有の事情といったものを考慮していない。このため、これらの支払いは農家に対して環境保全型農業の導入を促し、農業環境公共財を供給させる上で費用対効果の高い方法ではない可能性がある。一方、ターゲティングをすることによって、農業環境公共財を供給する地域や農家を優先的に対象とすることができる可能性がある（OECD, 2010a）。

図 5.1. 農業環境政策とターゲティング

農業環境政策	農業環境公共財に影響を与える要因	農業環境公共財
➢ 規制的手法 • 環境規制 • 環境税/課金 • 環境クロス・コンプライアンス ➢ 経済的手法 • 農法に対する環境支払い • 休耕に対する環境支払い • 固定資産に対する環境支払い • 成果に対する環境支払い • 取引可能な許可証 • 共同行動対策 ➢ 技術的手法 • 技術支援/普及活動 • 研究開発 • 表示/基準/証明	**構造的ターゲティング（営農形態、システム）** ➢ 営農形態 • 粗放農業 • 有機農業 等 **インプット・ベース** ➢ 農業投入財と農法 • 耕起方法、かんがい方法 • 農薬や肥料の使用方法 • エネルギーの消費方法 ➢ 農業インフラ • 農地（畑、草地、水田等） • かんがいシステム • 生け垣 等	**アウトプット・ベース** • 土壌保全と土壌の質 • 水質 • 水量 • 大気の質 • 気候変動地－球温暖化ガス • 気候変動－炭素貯留 • 農村景観 • 生物多様性 • 国土の保全 **具体的な環境目的や特徴に対するターゲティング**

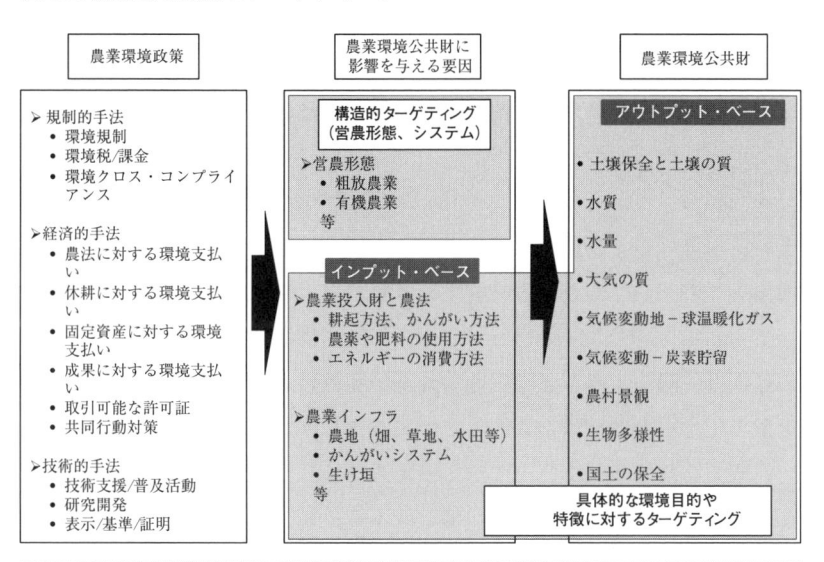

空間的ターゲティング（グローバル、国、リージョナル、地域限定のターゲティング）

注：その他の農業環境政策ではない政策（例：農業所得支持支払い、リスク管理政策、貿易政策等）、市場（例：商品市場、サプライチェーン、経済状況、技術）、その他の産業部門もまた、環境や農業環境公共財の状況に対して影響を与える。この簡易化された図では、農業環境政策と農業環境公共財のみが図示されている。

OECD（2012a）は農業環境政策に関して3つのタイプのターゲティングが存在するとしている。

- 「空間的ターゲティング」とは、対策を講じ、実施する地理的程度、範囲に関するターゲティングをいう。
- 「構造的ターゲティング」とは、対策の対象となる農家の類型やシステムに関するターゲティングをいう。
- 「具体的な環境目的や特徴に対するターゲティング」とは、対策を通じて保護、管理される対象に関するターゲティングをいう。

農業環境公共財の供給は、**図2.2.**が図示しているとおり、主に３つの要因（営農形態、農業投入財、農業インフラ）によって影響を受ける。**図5.1.**はこれらの農業環境公共財に影響を与える要因（Driving force）とターゲティング、そして農業環境政策の関係を、簡易化した形でまとめたものである。

空間的ターゲティング

　まず、誰に対して、誰が対策を立案・実施するのかについて検討する必要がある。この問いに関連して検討すべき事項の１つは、対策を講じる地域についてである（空間的ターゲティング）（OECD, 2010a）。ここでの対象地域の選択は、解決すべき環境問題の地理的範囲による。市場の失敗は政策介入を正当化するものではあるが、この失敗はしばしば地域的に限定されている。地域的な政策介入を行っている例としては、具体的な環境関係の関心が存在している地域に関するもの（例えば、ヨーロッパ連合の自然保護区ネットワークである「Natura 2000」に指定された地域）や特定の環境問題を有する地域に関するもの（例えば、窒素過剰）がある（OECD, 2008）。このような場合、地方政府が一般的に、政策立案・実施の面で重要な役割を果たすこととなる（OECD, 2006）。

　気候変動等、一部の農業環境公共財は世界的、国境横断的なものである（Madureira et al., 2013）。この場合、中央・連邦政府が重要な役割を果たし、これらの政府間での協調アプローチを取ることが必要になる可能性がある（OECD, 2006）。多くの場合、対策の環境面での成果は、対象地域の大きさとともに、当該地域の空間的形状にも左右される。仮に取組実施地域が同じ大きさであっても、分散、散逸した地域では、集積した地域と生態学的に同様の効果を発揮しないかもしれない（Bamière et al., 2013）。したがって、空間的ターゲティングを行う際には、対象地域の規模、空間的形状及び対策を講じる適切な政府レベルについて検討しなければならない。

構造的ターゲティング

　次に、対象地域において、誰を対象とすべきかについて検討する必要がある（構造的ターゲティング）（OECD, 2010a）。これについては、農業部門、営農形態、農地の種別といったものが関係する（OECD, 2012a）。営農形態には様々な形態が存在することから、各農家の農法管理の影響の程度に応じて、農業環境政策も営農類型毎に異なるアプローチが必要となるかもしれない（OECD, 2012a）。例えば、農業環境政策の中には、環境改善を図るために、畜産農家や有機農業者に対象を絞って実施されているものもある。

　農家個人を対象とすべきか、農家のグループを対象とすべきかについても、検討課題の１つである。農業環境政策は多くの場合農家個人を対象としているが、その一部は、農家のグループ、農家の代表者の集り、協同組織、農家及び非農家からなる地域の共同行動を政策対象としている。共同行動を対象とする政策は、個々の農家による個別の取組では供給することができない農業環境公共財（閾値付き農業環境公共財）を大きな価値があるものとして供給する上で有益である（Sakuyama, 2005; OECD, 2008, 2013）。ランドスケープ規模での管理が必要な公共財については、個々の農家による取組では、潜在的な価値を真に価値のあるものへと変換することができない可能性もある（OECD, 2013）。仮に農家が環境保全型農業を導入したとしても、これらの取組が適切な規模で調整されていない場合、社会的に最適なレベルの供給を達成することが困難となる（Goldman et al., 2007; OECD, 2013; Cong et al., 2014）。このため、一部の国では、ランドスケープ・レベルでの管理を行うためにはどのような政策が適切であるのかを明らかにするための取組を行っている（例えば、オランダにおける共同行動（**ボックス5.2.**）、EUの「CLAIMプロジェクト」[2]）。農家の行動はまた、近隣の農家の影響を受ける。このため、経済的要因に加え、習慣、認識、規範、文化といった非経済的要

因を考慮することも、適切な農業環境政策を立案する際に重要である（OECD, 2012b）。そして、農業環境公共財の特徴に応じて、農家個人による供給か、コミュニティによる供給か、どちらの供給がより効果的であるのかが変わりうる。

> **ボックス5.2.　オランダにおける共同行動に対するターゲティングの例**
>
> 　生物多様性は、オランダにおいて、地域の農業共同体が供給している最も重要な公共財の1つである。「水・土地・堤防協会（Water, Land & Dijken）」、北ホラント州、農家、ボランティア、保全組織その他の非政府組織は、オランダ北部のラーグ地方において、野鳥を保護するための活動を協力して実施している。当該取組は、水・土地・堤防協会が農家と密接に協力しながら実施しており、その活動を拡大している。例えば、水・土地・堤防協会は、参加農家と個別に契約を締結し、オランダ政府機関から農家が受け取る環境支払いの一部を選択的に削減・再配分している。この水・土地・堤防協会によって「汲み取られた」予算は、例えば保護された巣の数に応じて支払われるなど環境面での成果に基づいた支払いの実施や、生物多様性保全のための緊急対策を講じる必要がある場合に締結する私的な保全契約の費用に充てられている。例えば、畑を耕す際にまだ野鳥が多く存在している場合は、水・土地・堤防協会が農家と耕作延期に関する契約を締結する。
>
> 　欧州委員会の共通農業政策（CAP）2014-2020の農村開発計画に関する提案の中の農業環境部分において、「農家の集団」が対策の申請者、受益者となることができる可能性について言及されている。また、同提案は、共同行動の組織化費用に関する支援など、共同行動に対するEUのより広範な支援の可能性についても言及している。水・土地・堤防協

会は、これらの可能性を歓迎し、現在次のようなアイデアを練っているところである。
- これらの新たな可能性についての現実的な実施方法。
- 予算の30％をグリーン化支払に充てることとされている共通農業政策（CAP）第1の柱の支払い（直接支払い）においても地域の共同組織の役割を拡大すること。また、共同組織は効果的な「共同支払い」を行う上でも重要な役割を果たしうること。

出　典：OECD（2013）, Providing Agri-environmental Public Goods through Collective Action. DOI: http://dx.doi.org/10.1787/9789264197213-en.（OECD編、植竹哲也訳（2014）『農業環境公共財と共同行動』筑波書房）.

農業の環境面での効果は、農家のタイプに大きく左右する。例えば、Uetake and Sasaki（2014）は、日本における農業環境政策とその影響を異なる農家の区分（平野部及び中山間地域の主業及び準主業・副業農家）に応じて調査し、中山間地域における準主業・副業農家は他の区分と比べ、環境面でより大きな被害をもたらしていることを明らかにしている。多くのOECD加盟国において実施されている定率・定額支払いは、農家の環境面での遵守費用や地域固有の農業環境公共財の状況を考慮に入れておらず、これらの支払いは費用対効果が高くないおそれがある。これらの公共財を供給する個人に対象を絞る（ターゲティングする）ことによって、この問題を緩和することができる（OECD, 2010a）。

具体的な環境目的や特徴に対するターゲティング

最後に、保護や管理を行うための「具体的な環境目的や特徴に対するター

ゲティング」について検証する必要がある。農業環境政策を立案するのに当たり、適切な対象変数を選択することは、基本的な問題である。農業環境政策は、大まかに、環境面での成果そのものに基づく政策（パフォーマンス・ベースの政策）と農業投入財や技術選択に基づく政策（インプット・ベースの政策）に分類することができる。パフォーマンス・ベースの政策は目的や結果（農業環境公共財）に重点を置く一方、インプット・ベースの政策は農業環境公共財に影響を与える要因（Driving force）に重点を置くものである（OECD, 2010a）。

インプット・ベースの政策は、1）農業環境公共財の供給に影響を与える農業投入財のレベルや特徴を直接規制したり（例えば、農薬、肥料、燃料）、2）農業環境公共財のフローに影響を与える農法を規定したり（例えば、養分や農薬の最適な管理方法といった実際に用いられる具体的な技術）、3）農家に対して農業インフラを管理することを求めたりする（例えば、水路等）。他方、パフォーマンス・ベースの政策は、水質（窒素流出）や土壌の質（土壌浸食）等、農場から発生する農業環境公共財のフローを対象としている（OECD, 2010a）。パフォーマンス・ベースの政策は、農家に対してそれぞれの農地の状況に応じて最も低いコストの対策を選択させることができる柔軟性を付与し、農家はそれぞれの異なる農地の状況に応じて、環境サービスを供給することができる（OECD, 2010a）。表5.2.はインプット・ベースとパフォーマンス・ベースの政策の主な特徴をまとめたものである。今回取り上げた国では、パフォーマンス・ベースの政策は立案することが難しいこともあり、わずかな例しか存在しなかった。ボックス5.3.では、オーストラリアにおけるパイロット・プロジェクトの例を紹介している。

正確で計測可能な環境目標を定義することと、その計測単位も重要である。例えば、農業環境政策の目標は、金銭単位（費用、便益、費用と便益の差額等）、非金銭単位（保全されている湿地帯の面積等）、又は比率（一平方メー

表 5.2. インプット・ベースとパフォーマンス・ベースの政策

	インプット・ベースの政策	パフォーマンス・ベースの政策
ターゲティング	手段（農業環境公共財に影響を与える要因（Driving force））	目的（農業環境公共財）
対象変数	• 農法 • 農業投入財（農薬、肥料、燃料等） • 農業インフラ（水路、生け垣等）等	• 水質（窒素流出） • 土壌保全と土壌の質（土壌流出）等
例	• アメリカの「水質浄化法（Clean Water Act（CWA））」や「大気浄化法（Clean Air Act）」などの大気の質や水質保護を図るための第一世代の環境政策（1960年代後半から1970年代に導入された政策）。これらの政策は、農薬の一部使用禁止や、これらの農薬の使用規制や使用方法についての規制等を行っている。	• 年間平均土壌流出量（土壌保全と質）、養分の過剰割合（水質）、様々な取組により貯留された炭素量（炭素貯留）によって推計されたパフォーマンスを政策対象とする政策。
利点	• 立案が比較的簡単であり、場合によっては、実行可能な唯一の政策オプションであることもある。	• 農家に対して手段を選択させる柔軟性を付与することから、農家は最小限の費用を要する手段を選択するインセンティブを有している。
課題	• 農家が費用対効果の高い対策を選択することを制限するおそれ。 • 効率性が減少するおそれ。 • 目的よりも手段に焦点を当てるため、環境目的を達成することに失敗するおそれ。	• 不確実性。規制側が、多くの農業環境公共財に関する農家の貢献度合いを観測し、計測することができない。 • 適当な統計や代理指標が存在しない。 • 政策立案が難しい。

出典：OECD（2010），Guidelines for Cost-effective Agri-environmental Policy Measures, DOI: http://dx.doi.org/10.1787/9789264086845-en.に基づき作成。

トル当たりの地球温暖化ガス排出量、生産物1kg当たりの地球温暖化ガス排出量等）でもって測ることが可能である（OECD, 2008）。

モニタリングの要件、技術的な知見、行政的な実現可能性等によって限界があるものの、一般的なルールとして、政策対象は、可能な限り望ましい環境面での成果と近接したものにすべきである。政策対象が政策目的から離れ

たものとなると、意図しない副作用や、資源移転の際の資源の損失・流出のリスクが高まり、政策の対象となっている目的を達成できない可能性が高くなってしまうおそれがある（OECD, 2008）。

ボックス5.3. ターゲティング、オークションとパフォーマンス・ベースの政策：オーストラリア・ヴィクトリア州の例

オーストラリアのヴィクトリア州では、様々な絶滅危惧種の生息地となっている原植生の大部分は、民有地にある。これらの民有地の大部分は、小規模で、地理的に拡散しており、保全の重要度合いも様々である。

こうした原植生を保護するため、ヴィクトリア州は2001年に「BushTenderプログラム」を導入し、同プログラムはより大きな「EcoTenderプログラム」へと改変された。これらのプログラムでは民間の土地管理者とともに生物多様性の成果を達成するため、逆オークション（リバースオークション）制度が用いられている。農家は生物多様性管理のために必要な土地管理手法を自ら選択し、入札する。政府は生物多様性の重要度と土地管理者の管理による生息地の期待改善値に基づいて、生物多様性の管理のための行動を購入する。

このオークション制度は情報の非対称性問題を克服する上で有益であり、また、これにより生物多様性問題に効果的に取り組むことができる農家を政策対象とすることができる。農家は保全活動に参加することが彼らの生産状況や利潤にどう影響するのかを知っている。他方、環境専門家は、私有地における環境評価額について、しばしばより専門的な知識を有している。このオークション制度は、両者が保有している隠された情報を明らかにすることによって、費用対効果が高い方法でより良い保全を実現しようとするものである。

これらの取組に加えて、2009-2010年にかけて、ヴィクトリア州は環

境面での成果に基づく政策である「BushTender パイロット・プロジェクト」を立ち上げた。通常、農家はどのような取組を実施するのかについて合意する（インプット・ベースの政策）が、このパイロット・プロジェクトでは、彼らが保有する農地における生物多様性の価値を維持するため、ある一定の生物多様性の成果を達成することが求められる（パフォーマンス・ベースの政策）。農家がこれらの土地における原植生基準面積及び生物多様性の基準を満たすと、環境支払いの受給資格を獲得することができる。ヴィクトリア州政府はインプット・ベースとパフォーマンス・ベースの双方の「BushTenderプロジェクト」について、2014年のパイロット・プロジェクトの期間終了後に比較することとしている。

出　典：Pannell. D. and A. Roberts（2015），"Public Goods and Externalities: Agri-environmental Policy Measures in Australia"，及び Department of Environment and Primary Industries, State Government Victoria（www.dse.vic.gov.au/conservation-and-environment/biodiversity/rural-landscapes/bushtender）．

ターゲティングと取引費用

　ターゲティングはターゲティングされていない政策と比べて費用対効果の高い、大きな便益をもたらす可能性がある。しかし、ターゲティングされた政策は、ターゲティングされていない政策に比べ、一般的に取引費用が大きい。これらの取引費用には、政府やその他の機関が情報を収集する費用、政策を企画立案する費用、税金を徴収する費用、政策の成果をモニタリング及び確認する費用が含まれる。また、農家が政府と取引をする費用、政策に関

する情報を収集する費用及び対策に申請する費用が含まれる（OECD, 2007a, 2007b; Claassen et al., 2008）。取引費用は政策の立案から実施、最終評価に至るまでの全ての段階において、政府機関、民間機関、対策加入者間の様々な取引を通じて生じるものである（OECD, 2007b）。したがって、ターゲティングの結果生じる取引費用を削減することは、政策の企画及び政策選択の際の重要な側面の1つである。これらの取引費用は、関係機関、関係地域、関係国での経験の共有、既存の行政ネットワークの活用、政府機関と民間の情報システムの統合、関係者数の削減、情報技術の活用によって、削減することができる（OECD, 2007b）。信頼関係の構築もまた、取引費用の削減に貢献することができる（Dunn, 2011）。

　一般的に、取引費用を適切に推計し、モニタリングするための情報とデータが不足している。したがって、取引費用を管理し、削減するためには、このようなデータが必要となる（OECD, 2007b）。ターゲティングに伴うメリットを評価する際には、行政費用その他の対策に関する取引費用の増加の可能性及び平等性に与える影響を考慮して判断する必要がある（OECD, 2010a）。

複数の目的とターゲティング

　政策の中には複数の目的について同時に対処しようとするものがある。Ribaudo et al.（2008）及びRibaudo（2013）はアメリカにおける農業保全・環境問題、農業環境政策と連邦政府のプログラムに関して整理した一覧表を作成している。この一覧表を参照しつつ、本書はどの農業環境政策がどの目的を対象としているのか（政策の中には複数の目的を対象としているものもある）について整理した表を作成した（**付録表A1-A5**）。これらの表は、どのような農業環境政策がどの農業環境公共財を対象に実施されているのか、

どのようにある政策が複数の目的を対象としているのかを明らかにする上で有益である。

政策と目的の複雑な構造

数多くの政策がOECD加盟国で実施されており、これらの政策と政策目的との関係は複雑なものとなっている。先ず始めに、この農業環境政策と農業環境公共財の複雑関係についての概要を示すため、表5.3.では、今回取り上げた国の中からいくつかの政策を選び、それらが対象としている農業環境公共財を比較する。

一般的に、多くの環境規制や取引可能な許可証が1つの目的（水質、土壌保全と土壌の質、大気の質等）を対象としている一方、その他の政策は複数の目的を対象としていることがわかる。

汚染は、様々な経済活動によって引き起こされる。水質汚染、大気汚染等の汚染を防止するためには全産業を対象とする必要がある。また、往々にして、異なる産業部門における数多くの取組を規制するよりも、出口規制を行うことの方が容易な場合がある（例えば、点源汚染源を規制する方が様々な産業の何千もの取組を規制するより容易である等）。さらに、人間の健康と環境のために、絶対的な水準の出口規制を行う必要がある場合がしばしばある（例えば、飲用水に関する規制等）。したがって、環境規制が1つの目的を対象とすることは当然とも考えられる。

他方、経済的手法及び技術的手法は、よく農業投入財、農法、関連する農業インフラを対象としている。これらの要因は生物多様性や水質など幅広い農業環境公共財の供給に影響を与える。したがって、仮に政策がこれらの要因を対象とする場合は、結果的に、当該政策は複数の目的を対象とすることになる傾向がある。

表5.3. 農業環境政策と対象となる農業環境公共財の例

政策の種類	プログラム名	対象とされている農業環境公共財[1]とその数	
環境規制	農用地土壌汚染防止法（日本）	土壌保全と土壌の質	1
	大気浄化法（アメリカ）	大気の質	1
	水質浄化法（アメリカ）	水質	1
環境税/課金	水管理委員会賦課金（Water board districts levy）（オランダ）	水量、農村景観	2
環境クロス・コンプライアンス	クロス・コンプライアンス（英国）	農村景観、生物多様性、水質、水量、土壌保全と土壌の質、火災防止機能	6
農法に対する環境支払い	中山間地域等直接支払制度（日本）	土壌保全と土壌の質、水量、生物多様性、農村景観、洪水防止機能	5
	環境スチュワードシップ（Environmental Stewardship）（英国）	農村景観、生物多様性、水質、土壌保全と土壌の質、気候変動（地球温暖化ガス、炭素貯留）、洪水防止機能	6
休耕に対する環境支払い	イングランド森林助成スキーム（England Woodland Grant Scheme）（英国）	農村景観、生物多様性、水質、気候変動（炭素貯留）、洪水防止機能	5
固定資産に対する環境支払い	環境税削減プログラム（Environmental tax reduction programmes）（オランダ）	生物多様性、気候変動（地球温暖化ガス、炭素貯留）、大気の質	3
成果に対する環境支払い	保全管理計画（Conservation Stewardship Program）（アメリカ）	土壌保全と土壌の質、水質、湿地帯・生物多様性、大気の質	4
取引可能な許可証	水取引市場（オーストラリア）	水量	1
	湿地帯緩和バンク（Wetlands Mitigation Banking）（アメリカ）	湿地帯	1
共同行動対策	国土の愛護計画（Caring for Our Country）（オーストラリア）	水質、生物多様性、土壌保全と土壌の質	3
	農地・水保全管理支払交付金（日本）	水質、水量、生物多様性、農村景観、国土保全機能	5
技術支援/普及活動/研究開発/表示/基準/証明	農業アドバイスサービス（Farming Advice Service）（英国）	農村景観、生物多様性、水質、水量、気候変動（地球温暖化ガス、炭素貯留）	5

1. 第1章で解説したとおり、これらの財は常に公共財であるわけではない。これらの財は私的財（例えば、利用価値を有する農村景観が特定の訪問者に対してのみ供給されるような場合は私的財になりうる。）や、環境被害をもたらす場合は、負の私的財や負の公共財になりうる（Kolstad, 2011）。このため、それぞれの事例において、これらの財が非競合性及び非排他性を有しているかどうかを注意深く検証する必要がある。

複数の目的に関するパターン

営農形態を対象とする政策

政策はしばしば、畜産環境対策といったように、特定の営農形態を対象とする。1999年以降、日本では、畜産関係の環境問題に対処するため、家畜排せつ物法が施行され、関連施策が講じられている。具体的には家畜排せつ物の管理に関する環境規制が設けられ、農家が家畜排せつ物の管理規制基準を満たすことを支援するため、国と地方公共団体が家畜排せつ物処理施設を導入する際の補助を行っている。家畜排せつ物法は、悪臭（大気の質）や水質といった環境問題に対処するとともに、たい肥の利活用による土壌保全及び土壌改良を図ることを目的としている（Uetake, 2015）（**図5.2.**）。

図 5.2. 営農形態を対象とする政策（日本）：複数の目的の例

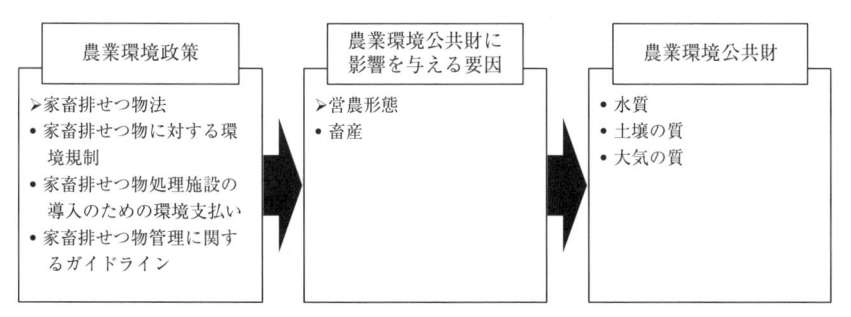

農業環境政策	農業環境公共財に影響を与える要因	農業環境公共財
➢家畜排せつ物法 • 家畜排せつ物に対する環境規制 • 家畜排せつ物処理施設の導入のための環境支払い • 家畜排せつ物管理に関するガイドライン	➢営農形態 • 畜産	• 水質 • 土壌の質 • 大気の質

注：家畜排せつ物法：家畜排せつ物の管理の適正化及び利用の促進に関する法律

農法を対象とする政策

ほとんどの農業環境政策は、具体的な（よく定義され、コントロール可能な）農法を対象としており、これらの農法を通じて、リファレンス・レベルを超えるレベルの農業環境公共財を供給しようとしている（Vojtech,

2010)。例えば、イングランドの「環境スチュワードシップ（Environmental Stewardship)」はこのような政策の例の1つである。同政策は2つのレベル、入門レベル（Entry）及び高次レベル（Higher）からなる。入門レベルは、1ヘクタール面積当たりの環境支払いであり、主に生物多様性を対象とする適正農業管理の各種メニューに応じてポイントが貯まる仕組みとなっている。高次レベルは入門レベルより高いものとなっている。すなわち、全ての高次レベルの契約は、入門レベルの内容を含むものでなければならない。高次レベルの環境支払いは入門レベル同様、各種メニューに応じた固定基準払いであるが、支払額はポイントベースではなく実際の取組実績に基づくものであり、EU支払基準以外に、単位面積当たりの支払額に関する上限は存在しない。対象となる取組も幅広く、具体的な状況や生息地に応じて調整されたもの（例えば、公園用の植樹、イングランド南部の石灰岩地区の原生植物）となっている。また、その目的は広く、かつ、野心的なものとなっている。これらの目的は特定の対象地域に応じて調整されている。したがって、例えば、特別な鳥の生息地、地域特有の伝統的景観、重要な建築物保護といったものが好まれる傾向にある。また、入門レベルよりも、より多くの歴史的特徴、景観、土壌・水保全に関する選択肢が存在する（Jones et al., 2015）（図5.3.）。一

図5.3. 農法を対象とする政策（英国）：複数の目的の例

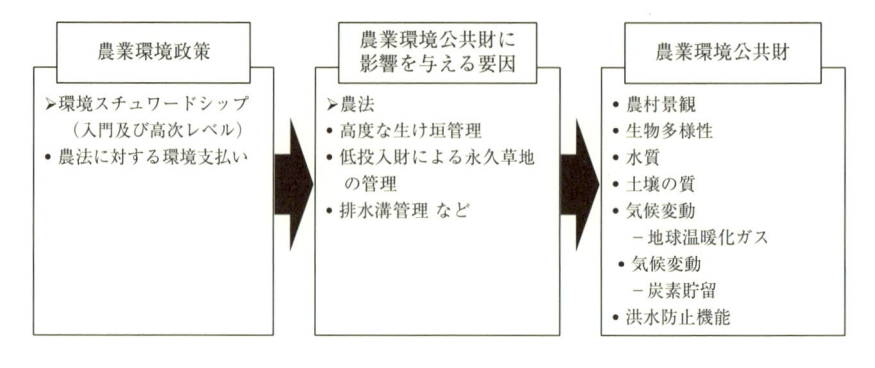

農業環境政策	農業環境公共財に影響を与える要因	農業環境公共財
➤環境スチュワードシップ（入門及び高次レベル） ・農法に対する環境支払い	➤農法 ・高度な生け垣管理 ・低投入財による永久草地の管理 ・排水溝管理 など	・農村景観 ・生物多様性 ・水質 ・土壌の質 ・気候変動 　－地球温暖化ガス ・気候変動 　－炭素貯留 ・洪水防止機能

一般的に、農家は農業環境公共財を供給するために大幅な農法の見直しが求められる場合は対策に加入しない傾向がある。したがって、政策立案段階から農家の参画を促すことが、対策への農家の参加者を増やす上で有効となる（Barreiro-Hurlé et al., 2010）。

農業投入財を対象とする政策

政策の中には、農業投入財を対象とするものもある。例えば、日本の持続農業法は、化学肥料と農薬の使用削減を通じて、土壌の質と水質の改善を図ろうとするものである。また、持続農業法に基づきエコファーマー制度が設けられ、持続性の高い農業生産方式の導入について認定を受けたエコファーマーは、農業改良資金（無利子資金）の特例を受けることができる（Uetake, 2015）（図5.4.）。

図5.4. 農業投入財を対象とする政策（日本）：複数の目的の例

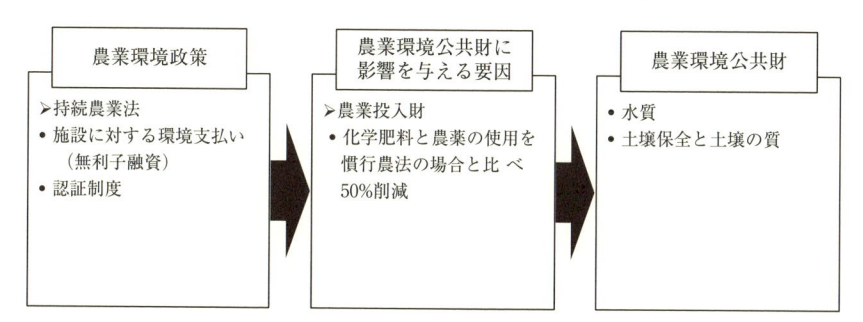

農業環境政策	農業環境公共財に影響を与える要因	農業環境公共財
➢持続農業法 ・施設に対する環境支払い（無利子融資） ・認証制度	➢農業投入財 ・化学肥料と農薬の使用を慣行農法の場合と比べ50%削減	・水質 ・土壌保全と土壌の質

注：持続農業法：持続性の高い農業生産方式の導入の促進に関する法律

農業インフラを対象とする政策

農業そのものだけでなく、農地、水路、生け垣等の農業インフラもまた、農業環境公共財を供給している。例えば、アメリカでは、耕地を対象とする

農地休耕型のプログラム（land retirement programmes）がある。最大の農地休耕型プログラムは、「土壌保全保留計画（Conservation Reserve Program（CRP））」である。政府は土地所有者が農地を休耕し、緩衝帯の設置、草地、植樹、湿地帯復元を図ることを促進するために支払いを行っている。同プログラムは耕地を草地又は森林へと転換することを通じて、野生生物の生息地を生み出し、湿地帯（生物多様性）を回復し、土壌浸食を削減し、土壌、水、大気の質の向上に貢献している（Shortle and Uetake, 2015）（図5.5.）。

図5.5. 農業インフラを対象とする政策（アメリカ）：複数の目的の例

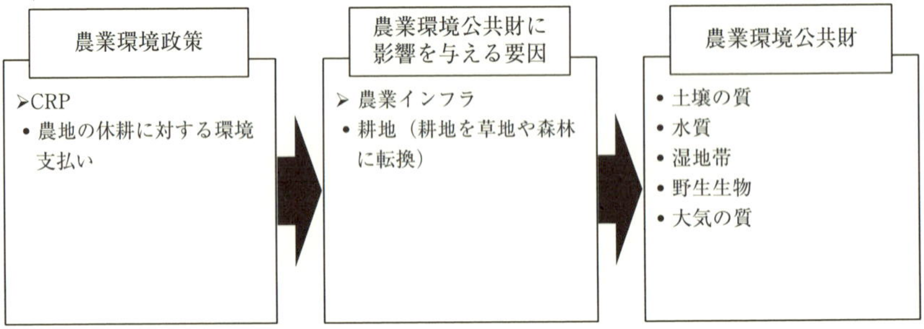

農業環境政策	農業環境公共財に影響を与える要因	農業環境公共財
➢CRP ・農地の休耕に対する環境支払い	・農業インフラ ・耕地（耕地を草地や森林に転換）	・土壌の質 ・水質 ・湿地帯 ・野生生物 ・大気の質

注：CRP：「土壌保全保留計画（Conservation Reserve Program（CRP））」

インプット・ベースの政策、アウトプット・ベースの政策、そして複数の目的

　複数の目的とターゲティングの議論は、インプット・ベースの政策とアウトプット・ベースの政策と関連している。現在、ほとんどの農業環境政策が複数の農業環境公共財を対象とするインプット・ベースの政策である。

　政策の主な目的は、農業関連の市場の失敗に対処することである。言い換えれば、適切な量の農業環境公共財を供給することが、政策の目的である。しかし、上述の4つの政策パターンは、農業環境公共財を直接対象としているわけではない。その結果、どの程度ある政策が市場の失敗に対処すること

ができ、どの程度農業環境公共財の供給量を需要量と一致するまで効果的に増加させることが出来ているのかが、必ずしも明らかではない。農業環境公共財に影響を与える要因（入口）と農業環境公共財（出口）の関係を検証することは、市場の失敗を政府の介入によって克服する上で重要である。

　場合によっては、インプット・ベースの政策を立案する際に注意が必要となる。例えば、多くの農業環境支払いは、農家が行う様々な適正農業管理に対して支払いを行っている。農家はそれぞれの状況に応じて、どの取組を行うのか選択し、農業環境政策を考慮に入れながら、彼らの利潤を最大化しようとする。そして、より多くの取組が行われると、農業環境公共財の供給量も増加すると仮定している。しかし、各農法は農業環境公共財に対して複数の効果をもたらすため、必ずしも政策立案者が意図した通りに供給量が増えるとは限らない。農家はまた、簡単に採り入れることができる対策を取り入れがちである。しかし、これらの農法が必ずしも最大の環境効果を上げるわけではない。対象となる農業環境公共財に応じて、政策立案者は、農家が選択することができる農法の数を制限したり、インプットではなく、アウトプットをターゲットとした政策を導入する必要があるかもしれない。また、対象となる農業環境公共財の数に応じて、最適な農法・取組も変わりうる。仮にあるインプット・ベースの政策が特定の農業環境公共財を政策対象としている場合、農家が行う取組は、当該農業環境公共財を供給する上で有益であるべきである。一方、あるインプット・ベースの政策が複数の農業環境公共財を政策対象とする場合は、農家が行う取組は当該取組が環境に与える総合的な影響を勘案して決定されるべきである。また、農家がある対策を導入したとしても、私的な利益と公的な利益が異なる場合、農家は社会が望む農業環境公共財を供給していない可能性もある。

　さらに、ある１つの要因が複数の農業環境公共財に影響を与えていることを踏まえると、アウトプット・ベースの政策もまた、１つの農業環境公共財

を対象とするのではなく、複数の農業環境公共財を対象とする必要があるかもしれない。例えば、ある水質改善を目的としたアウトプット・ベースの政策があるとする。農家は対策に加入し、農業環境支払いを受け取るため、水質改善を図るのに最適な取組を選択する。しかし、これらの取組は生物多様性の向上や土壌保全と土壌の質の向上など、その他の便益をもたらすかもしれない。このような場合、農家が採り入れた取組によって改善された水質だけでは、アウトプット・ベースの支払い基準を満たさない場合でも、水質改善、生物多様性の向上、土壌保全と土壌の質の向上を合計した環境パフォーマンスは、一定の水準を超え、より大きな環境便益をもたらすような場合もあり得る。したがって、パフォーマンス・ベースの環境支払いについても、1つの農業環境公共財だけでなく、複数の農業環境公共財に関する影響を考慮に入れる必要があるかもしれない。

多くの政策が複数の目的に対処していることを踏まえると、農業環境公共財の適切な環境目標を設定することは、困難な課題である。近年、英国で、農業に関する正負の環境影響全体について計算しようとする環境会計プロジェクトが行われている（**ボックス5.4.**）。この環境会計を用いて、ある政策がどのように複数の環境目的を改善することができるのかを把握することができれば、農業環境政策をより成果、環境パフォーマンスに基づく政策へと転換していくことが出来るかもしれない。

ボックス5.4. 英国における農業の環境会計

英国の環境・食料・農村地域省（Defra）は農業の環境会計を計算している（RISE, 2009; McVittie et al., 2009; OECD, 2015d）。**図5.6.**はその結果を示している。当該図には、農業からの総便益、農業からの総被害、そして、純便益（総便益－総被害）が図示されている。主な便益は生物多様性、農村景観から生じ、主な損害は地球温暖化ガスの排出、

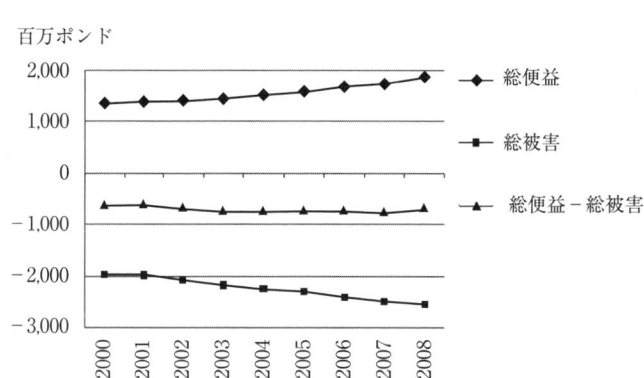

図 5.6. 英国における農業の環境会計

出典：Defra（2010），*Agricultural Change and Environment Observatory Programme*; 図は Jacobs and SA（2008），*Environmental Accounts for Agriculture*.のデータに基づく。

大気の質及び水質に関係している（RISE, 2009; OECD, 2015d）。現在は総被害が総便益を上回っている状況にあることから、農業の環境会計を改善することが、英国の主な政策課題の1つとなっている。

農業環境政策とポリシーミックス

　ある1つの政策が、しばしば複数の農業環境公共財を対象としている。また、ある1つの農業環境公共財に対して、通常、複数の政策が実施されている。表5.4.は、ケーススタディを行ったOECD5カ国において、各農業環境公共財について実施されている政策を取りまとめたものである。この表が示しているとおり、効果的なポリシーミックスを行うことが、政策の費用対効果を高め、環境目標を達成する上での鍵となる。

表 5.4. OECD ケーススタディ国における農業環境政策と政策対象とされている農業環境公共財

		土壌保全と土壌の質				水質				水量			
		オーストラリア	英国	オランダ	日本	アメリカ	オーストラリア	英国	オランダ	日本	アメリカ	英国	オランダ	日本	アメリカ
規制的手法	環境規制	X		X	X		X	X	X	X		X	X	X	X
	環境税/課金									X			X		
	環境クロス・コンプライアンス		X	X		X		X	X				X		
経済的手法	農法に対する環境支払い	X	X		X	X	X	X			X		X	X	
	休耕に対する環境支払い					X		X			X		X		
	固定資産に対する環境支払い		X			X		X		X			X		
	成果に対する環境支払い					X					X				X
	取引可能な許可証											X	X		X
	共同行動対策	X					X			X			X		
技術的手法	技術支援/普及活動/研究開発/表示/基準/証明	X	X		X	X	X	X		X	X		X		X

		大気の質				気候変動(地球温暖化ガス)				気候変動(炭素貯留)			
		オーストラリア	英国	オランダ	日本	アメリカ	オーストラリア	英国	オランダ	日本	アメリカ	オーストラリア	英国	オランダ	日本	アメリカ
規制的手法	環境規制	X	X	X	X	X		X								
	環境税/課金															
	環境クロス・コンプライアンス			X											X	
経済的手法	農法に対する環境支払い		X			X	X	X				X	X			X
	休耕に対する環境支払い					X							X			
	固定資産に対する環境支払い			X	X			X	X					X		
	成果に対する環境支払い					X										
	取引可能な許可証								X	X						
	共同行動対策								X					X		
技術的手法	技術支援/普及活動/研究開発/表示/基準/証明			X	X	X		X	X	X			X	X		

表 5.4. OECD ケーススタディ国における農業環境政策と政策対象とされている農業環境公共財（続き）

		生物多様性				農村景観				国土保全機能			
		オーストラリア	英国	オランダ	日本	アメリカ	オーストラリア	英国	オランダ	日本	アメリカ	オーストラリア	英国	オランダ	日本	アメリカ
規制的手法	環境規制	X	X	X		X			X	X	X					
	環境税/課金								X							
	環境クロス・コンプライアンス		X	X	X	X		X	X		X		X	X		
経済的手法	農法に対する環境支払い	X	X	X	X		X	X	X	X			X	X		X
	休耕に対する環境支払い		X	X		X		X	X				X	X		
	固定資産に対する環境支払い			X					X							
	成果に対する環境支払い					X										
	取引可能な許可証	X				X			X							X
	共同行動対策	X		X	X											
技術的手法	技術支援/普及活動/研究開発/表示/基準/証明	X	X	X	X	X					X		X	X		

1. 1章で解説したとおり、これらの財は常に公共財であるわけではない。これらの財は私的財（例えば、利用価値を有する農村景観が特定の訪問者に対してのみ供給されるような場合は私的財になりうる。）や、環境被害をもたらす場合は、負の私的財や負の公共財になりうる（Kolstad, 2011）。このため、それぞれの事例において、これらの財が非競合性及び非排他性を有しているかどうかを注意深く検証する必要がある。
2. この表は各国において最も使用されている政策を列記しているものではない。
3. 各政策の詳細については、付録表 A1-A5 及び各国のケーススタディペーパーを参照（Jones et al., 2015; Pannell and Roberts, 2015; Schrijver and Uetake, 2015; Shortle and Uetake, 2015; Uetake, 2015）。

環境規制は、今回取り上げた国の多くで用いられている。特に、土壌保全と土壌の質、水質、水量、大気の質及び生物多様性に関して用いられている。しかし、気候変動と国土保全機能に関しては用いられていない。多くの場合、環境規制は農家だけでなく、非農家や農業以外の産業部門も対象としている。環境規制は一般的に、社会が強制的に維持しようとする環境の質のレベルを定めるものである。

環境税・課金はオランダにおいて、水質と農村景観に関して用いられている。環境税は、農家の経済的な誘因（インセンティブ）に変化を加えること

により、農業環境公共財の市場が存在しないことによって生じている誘因不全を克服しようとするものであり、税や課金によって、価格によるインセンティブを代替しようとするものである（OECD, 2010a）。

　農業環境支払いは、ケーススタディ国におけるほとんどの農業環境公共財に関して、主要な政策となっている。農業環境支払いのうち、農法に基づくもの（インプット・ベースに基づく政策）が最も多く用いられており、成果に基づくものは、アメリカにおいてのみ、用いられている。ただし、アメリカにおいても、環境支払い（「保全管理計画（Conservation Stewardship Program（CSP））」）は実際の環境面での成果そのものに基づくものではなく、環境保全のパフォーマンスを表すポイント・システムに基づくものであることに留意する必要がある。保全管理計画（CSP）では、このランキングに基づいて、応募者から環境支払いを受給することができる者が選ばれ、支払額が決定される。保全管理計画（CSP）は、土壌保全と土壌の質、水質、水量、大気の質及び生物多様性といった幅広い農業環境公共財に対処するための政策である。

　取引可能な許可証の使用は未だ特別な場合に限られている。オーストラリアは水の管理をする際に、取引可能な許可証制度のみを用いて対処しているが、その他の国は、水の管理のために複数の政策を実施している。

　共同行動対策は、土壌の質、水質、水量、生物多様性などいくつかの地域の農業環境公共財の供給のために、オーストラリア、オランダ、日本において実施されている。共同行動は、地域のコミュニティ、地域のグループ（地域住民、地域のNGO、地方行政機関等）を活動に関与させ、参加者が有している資源を持ち寄ることで相乗効果を生み出すことができるとともに、農業環境公共財を供給するために必要となる広範な地域を対象とすることができる（OECD, 2013）。

　最後に、技術支援、普及活動等の技術的手法は全てのケーススタディ国に

おいて、多くの農業環境公共財に関して用いられている。これらの技術的手法は、農家が農業環境公共財の潜在的な重要性を認識していない場合に有益である。一般的に、技術的手法は、環境支払いや環境規制等その他の政策と共に用いられる。

効果的なポリシーミックスを行うことは、農業環境政策の費用対効果を高め、環境目標を達成する上での鍵となるものである。ケーススタディ国において政策対象とされている９つの農業環境公共財に関して、全ての国が生物多様性について、ポリシーミックスを行っている（**表5.4.**の政策（X）の数は合計で29、１カ国平均5.8）。この政策の数の多さは、生物多様性の問題の複雑さを反映している。ポリシーミックスは、水質（総数22、平均4.4）、水量（総数20、平均4.0）、土壌保全と土壌の質（総数19、平均3.8）、大気の質（総数15、平均３）などその他の農業環境公共財についても用いられている。農村景観について、ヨーロッパの２カ国（イギリス、オランダ）においては多くの政策がミックスされている（総数13、平均6.5）が、日本とアメリカで実施されている政策の数は少ない（総数５、平均2.5）。

ボックス5.5.はアメリカにおける農業環境公共財に関するポリシーミックスの例である。

ボックス5.5． ポリシーミックスの例―アメリカにおける水質対策

　水質は、アメリカで政策対象とされている主な農業環境公共財の１つである。水質を改善するため、連邦政府及び州政府により、環境規制、農法に基づく環境支払い、技術支援、取引可能な許可証、環境税といった一連の政策が実施されている。規制的手法は主に農業の点源汚染に対処し、その他の政策は農業の非点源汚染に対処している。双方の政策を講じることが、アメリカにおいて水質改善を図るために必要である。

環境規制（農業の点源汚染）

　表層水の質が大幅に悪化したことに対応するため、1972年、水質浄化法（CWA）が施行された。この水質浄化法の水質保護のための基本的なメカニズムは、「連邦汚染物質排出削減システム（NPDES：National Pollutant Discharge Elimination System）」と呼ばれる制度である。この制度は、水質の点源汚染源から汚染物質を排出する際に、排出者に対して許可証を取得することを要求している。当該制度は、主に産業、自治体からの排出物の排出を規制するものだが、大規模集中家畜飼養施設（CAFO：large Concentrated Animal Feeding Operations）に対しても、河川に汚染物質を排出するための許可証の取得を要求している。大規模集中家畜飼養施は地域の表層水の重要な汚染源となりうる。しかし、ほとんどの農業汚染は非点源汚染である。その結果、連邦汚染物質排出削減システムは、農業にほとんど適用されないものとなっている。

環境支払いと技術支援（農業の非点源汚染）

　農業の非点源汚染に対処するため、連邦政府、州政府はともに、普及活動、技術支援、費用分担型の補助金を通じた財政支援を行うことにより、農家が農業汚染管理手法（最適管理手法：BMPs（Best management Practices））を採り入れるよう促している。

　現在、アメリカ農務省では、農家が最適管理手法を採り入れることを促すため、複数のプログラムを通じて資金援助を行っている。このうち最大のプログラムは、「環境改善奨励計画（Environmental Quality Incentives Program（EQIP））」であり、予算は年間13億米ドルとなっている。その他にも、水質管理に関するものとして、「土壌保全保留計画（Conservation Reserve Program（CRP））」、「保全管理計画（Conservation Stewardship Program（CSP））」がある。

取引可能な許可証（農業の非点源汚染）

さらに、一部の州（例．ペンシルバニア州、オハイオ州）では、汚染取引プログラムを立ち上げ、産業、自治体の排出者が農業からの汚染削減クレジットを購入することにより、連邦汚染物質排出削減システムの許可要件を達成することができるようにしている。これらの取引システムの大半は、養分に関するものである。

環境税（農業の非点源汚染）

フロリダ州は、「農業特権税（agricultural privilege tax）」という革新的な制度を採用している。この農業特権税は、エバーグレーズ（Everglades）農業地域における汚染管理を行うために耕地に課されている。農家は、流域におけるリンの排出量を共同で25％目標値よりも減らした場合に、農業特権税に対して共同クレジットを獲得することができる（すなわち、税率削減の適用を受けることができる）。当該プログラムはまた、農家個人に対しても、農場の具体的なパフォーマンスに応じてクレジットを付与している。

出典：Shortle and Uetake（2015），"Public Goods and Externalities: Agri-environmental Policy Measures in the United States".

シナジー効果か対立か

農業環境公共財を供給するため、1つの政策よりも、複数の政策を同時に講じるべき理由は数多く存在する。これは、農業環境公共財は「複数の側面」を有しているためである。例えば、養分に関する水質問題は、ある地域の総養分超過量だけでなく、いつ、どこで、どのように養分が農場に投下されて

いるのかといった側面も考慮に入れなければならない。ある農業環境公共財についての政策は、その他の公共財にも影響を及ぼすことから、この点についても考慮しなければならない (de Groot et al., 2010; Helin et al., 2013)。一般的に、対象とする農業環境公共財と出来る限り密接な関係がある農業環境政策を講じるべきである。しかし、農業環境公共財を直接対象とする政策を適用することが難しい場合が数多く存在する。例えば、個々の農場から表層水や地下水へ流出する養分を直接測定することは現実的ではない。このような場合、一つ又は複数の「代理手段」が用いられることがある (OECD, 2007c)。アメリカの例 (**ボックス5.5.**) のように、1つのアプローチとして考えられるのは、農業の点源汚染 (大規模畜産施設等) については規制的手法を用い、農業の非点源汚染については、経済的手法 (農業環境支払い、取引可能な許可証等) を用いることである。

ポリシーミックスは効果的に実施されている場合もある一方、政策全体の環境面での効果や経済的な効率性に対して負の影響をもたらしている場合もある。ある政策が実施されていなかったり、部分的にしか実施されていないがゆえに、ポリシーミックスの環境面での効果や経済的な効率性が十分発揮されていない場合もある。政策連携が不十分な場合な結果、重大な問題が生じる場合もある (OECD, 2007c)。さらに、農法は環境に対して正負両面の影響をもたらすことがある (ENRD, 2010)。例えば、オランダでは、泥炭地で地下水面を高く保つことにより、炭素排出量を削減することができる。しかし、地下水面を高く維持することにより、メタンと一酸化二窒素の排出量が増えてしまう (Schrijver and Uetake, 2015)。仮にある政策が地下水面を高く維持することだけを政策対象とすると、全体としてみると環境被害をもたらしてしまう可能性がある。このため、メタンと一酸化二窒素対策についても別途講じる必要がある可能性がある。

最近のOECDの気候変動、水及び農業に関するスタディでも、気候変動緩

和対策が、農業用水管理と水質に関して正負両面の影響をもたらす可能性があることが指摘されている。緩和策と農業管理手法がシナジー効果を有しているのか、トレードオフの関係にあるのかは、具体的な地域に応じて異なり、その多くの場合において、重大な知識のギャップがある。気候変動緩和策を講じるのに当たっては、緩和策と水政策の目的との間で齟齬が生じるリスクを減らし、潜在的なシナジー効果を最大限発揮するため、これらの関係性を踏まえることが重要である（OECD, 2014）。環境目的間の齟齬を克服するための調整メカニズムが必要である。

特に、農業環境政策は、国、地方レベルの複数の政府機関によって立案、実施されている。例えば、アメリカでは、連邦レベルでは、農務省（USDA）、環境保護庁（USEPA）、魚類野生生物局（United States Fish and Wildlife Service）及びアメリカ陸軍工兵司令部（United States Army Corps of Engineers）がプログラムを策定している。また、州政府も、連邦法の授権を受け、又は自らのイニシアティブに基づき、様々なプログラムを策定している（**表5.5.**）（Schrijver and Uetake, 2015）。この表が示しているように、農務省内の調整に加え、農務省と環境保護庁等他機関及び地方政府との調整が重要となる。

様々な農業環境問題に対処するため、様々な政策が実施されており、これらの政策が導入された背景もそれぞれ異なる。さらに、様々な政府部門が政策立案に関与している。その結果、多くの場合、現行の農業環境政策は大変複雑なものとなっている。例えば、生物多様性問題に対処するため、数多くの政策が今回取り上げたOECD加盟国においても、同時に実施されている。国、地方レベルの現在の政策状況を把握し、これらの政策がシナジー効果を生み出し、対立していないかどうかを見極めるためには、政策一覧表（**付録表A1-5**）を作成することが有益である。部門間、組織間の壁を乗り越え、農業環境公共財を供給するための適切なポリシーミックスを立案することが重

表5.5. 農業環境政策に関与する複数の政府機関（アメリカの例）

連邦政府：憲法に授権された範囲内で議会が制定する農業環境公共財に関する「土地についての上位法」を運用する。	
農務省	全てのタイプの農業環境公共財に関する主要な連邦組織
環境保護庁	農薬規制（連邦殺虫剤・殺菌剤・殺鼠剤法：Federal Insecticide, Fungicide, and Rodenticide Act）と連邦レベルの大気、水質汚染管理法（大気浄化法、水質浄化法、沿岸域法再承認修正法（Coastal Zone Act, Reauthorization Amendments））の運用に関する主な連邦組織。農業は連邦政府の大気、水質の直接規制の適用から大部分が除外されている。
魚類野生生物局	絶滅危惧種に関する組織（絶滅の危機に瀕する種の保存に関する法律：Endangered Species Act）
アメリカ陸軍工兵司令部	湿地帯保全に関する組織（水質浄化法）
州政府、郡政府： （1）連邦法が上位法である分野において、連邦政府により、州政府、郡政府、そしてしばしば、部族政府に対して、権限が付与されている（例えば、大気浄化法、水質浄化法は、農業に関する水質汚染管理権限の大部分を州政府に権限付与している）。 （2）連邦法によってカバーされている規制分野において、連邦法に矛盾しない形で州及び地方政府が（しばしば連邦政府と共同で）行う農業環境政策イニシアティブ（例えば、州政府、地方政府機関は、農務省及びその他の連邦レベルの農業環境規制とプログラムを、連邦政府機関と協力しながら運用している）。 （3）連邦法によって対象とされてない分野における州政府、地方政府のイニシアティブ（例えば、州、地方政府機関は、農村景観保護に関する主要な機関である）。	

出典：Shortle and Uetake（2015），*Public Goods and Externalities: Agri-environmental Policy Measures in the United States*, OECD Publishing, Paris に基づき作成。

要である。

ポリシーミックスと追加性

　複雑な政策の組み合わせは、政策の「追加性（additionality）」に関して疑問を投げかける。追加性とは、ある政策プログラムによって支援されている農業環境サービスが、当該プログラムが実施されていない場合でも、提供されているかどうかを指す（Mezzatesta et al., 2013）。全てのプログラム参加農家が農法を変更し、又は、環境パフォーマンスを改善するために当該

インセンティブを必要としており、当該スキームが存在しない場合にはこれらの改善策を講じない場合、当該政策は追加性を完全に有することとなる。他方、インセンティブが付与されていない場合でも、当該インセンティブ受給者の大部分が自らの行動を改め、プログラム要件に従っている場合は、追加性が低いこととなる（OECD, 2012a）。もしポリシーミックスがうまく講じられていないと、いくつかの政策は重複し、高い追加性を生み出さない可能性があることから、ポリシーミックスの文脈において、この追加性は特に重要となる。

　最近の環境市場におけるコベネフィット（相乗利益）とスタッキング（ある農業環境管理手法が複数の環境面での成果を生み出す場合に、複数の環境市場からクレジットを獲得することができること）に関するOECDのスタディ（Lankoski et al., 2015）は、生態系サービス（炭素貯留と水質）に関する環境クレジット市場とオフセット・スキームについての調査を行っている。そして、アメリカのコーンベルトにおける定量的なシミュレーションを行った結果、当該スタディは、炭素貯留と水質のスタッキングを認めることによって、プログラム参加者が増加し、環境保全型農業の取組が増加することから、追加性をもたらす可能性があるとしている。

　一部の国では、各国の政策の追加性を調査する試みを行っている。例えば、OECD（2012c）はアメリカにおける保全管理手法の取組を対象とした農業環境支払いの追加性について、2009年及び2010年の農業資源管理調査（Agricultural Resources Management Survey）のデータを用いて調査している。その結果によると、調査対象となった麦とトウモロコシの生産者のうちかなりの数の生産者が、保全管理手法が農場にとって利潤をもたらすもの（保全耕起対象）であることから、あるいは、対象となっている対策が、州政府の規制によって義務づけられていること（養分、排せつ物管理）から、経済的手法（農業環境支払い）がなくても、これらの対象となる保全管理対

策を講じていることを明らかにしている。また、Mezzatesta et al. (2013) は、アメリカのオハイオ州における保全管理手法促進のための費用分担型環境支払いについて分析をし、各保全管理手法の追加性の度合いは、保全管理手法毎に異なることを明らかにしている。彼らの調査によると、干し草畑（hayfield）の設置、カバークラップ（cover crops）、フィルターストライプ（filter stripes）は高い追加性を有している一方、保全耕起（conservation tillage）は低い追加性しか有していないという結果となっている。一方、英国の農業環境スキームについては、環境脆弱地域（Environmentally Sensitive Areas）における農村景観と生物多様性に関して、追加性の存在が認められている（Boatman et al., 2008）。Boatman et al.は、農業環境スキームの追加性を確保するため、ベースラインとなるデータ、主要指標についての継続的な調査を含む、短期及び長期のモニタリングと評価を実施すべきであるとしている。

　環境支払いのポリシーミックスは、追加性を考慮に入れることにより、より大きな環境効果を上げることができる可能性がある。例えば、Busch (2013) は、炭素支払いと生物多様性支払いに関してその合計支払額が、既存の供給者（低い追加性）よりも新規の供給者（高い追加性）に対してより多く分配されるような仕組みであれば、炭素支払いだけに同額の支払いが行われる場合よりもより多くのインセンティブを供給することができる可能性があるとしている。しかし、追加性に焦点を当てた政策は、平等性に関する懸念を生じさせることになる。これらの政策は、自主的に改善策を講じた農家に対しては、低い支払い（又は支払いをしない）こととなることから、これらの農家は、他の農家と比べ、自分たちが不利益を被っていると受け止める可能性がある（OECD, 2010a）。

　追加性の効果の評価は、データが不足していることに加え、農業環境プログラムが複雑であることから、困難を伴うものである。また、利潤が追加的

なものであるかどうかを判断するためには、ベースラインを設定する必要がある（Claassen et al., 2008）。農家が農業環境公共財を政府の介入がなくても供給することができる程度を明らかにすることは、環境支払いがなくても環境パフォーマンスを改善することができた農家に対して支払いをすることを避け、そしてより良いポリシーミックスを講じるために必要である。

農家行動とポリシーミックス

より良い農業環境政策のポリシーミックスを講じるためには、農家の行動を理解することが重要である。外部要因（金銭的便益・費用、労力面の便益、費用）、内部要因（慣習、認識プロセス）、社会的要因（社会規範、文化的態度）といった様々な要因が農家の行動に影響を与える（OECD, 2012b, 2013）。

経済的手法は、新たな農法が利潤をもたらすものでなければ採用されないことから、重要であることは明白である。しかし、経済的手法は外部要因にのみ影響を与えるものであることから、これだけでは農家の行動の変化の全てを説明することはできない（OECD, 2012b; Van Herzele et al., 2013）。農業環境公共財を供給するためには、市場ベースの政策と慣習、認識、規範の点で農家の行動に影響を与えるその他の政策を組み合わせた総合的なアプローチを取ることが必要である。「ナッジング（Nudging）（何かをすることを強制せずに行動を変える社会的文脈における小さな変化）」は、内部要因、社会的要因に影響を与えるための一つの方法である。例えば、表示制度（カーボンフットプリント（carbon foot-printing））などの「見える化（visualisation）」は、農家が何をすべきか明らかにすることにつながるとともに、彼らの取組努力を表示制度を通じて消費者に伝えることができるナッジングの例である。複雑に絡み合う農業環境公共財に対処するため、関係する農家を特定し、彼らを「生態系の協力者」と位置づけることは見える化手

法の1つであり、経済的手法を補完することができる（OECD, 2012b）。

政策の選択

あらゆる種類の状況に適応することができる農業環境公共財のための最適な手法は存在しない。このため、ケースバイケースの分析を行うことが避けられない（Claassen et al., 2001; OECD, 2007c）。しかし、一般的なルールとして、最適に選ばれた政策は、限界社会便益と限界社会費用を等しくさせるものである。うまく機能する市場が存在しない場合において、社会便益を推計することは、当然、大変困難を伴うものである。その結果、ほとんどの農業環境政策は、一般的に、推計が比較的容易な供給費用に特化したものとなっている（OECD, 2008）。複数の環境支払いが存在する場合は、これらの支払いが重複する可能性があることに注意しつつ、出来る限り、限界変化を対象とした費用対効果の高い取組を進めるべきである。

ポリシーミックスと政策選択に関する基本的なアプローチとして、本書はリファレンス・レベルの枠組み（第4章）を用いることが簡単な方法の1つであることを明らかにしている。農家は最低限の環境の質のレベルを自ら費用を負担して達成すべきである。したがって、環境規制が必要になる可能性がある。しかし、リファレンス・レベルを超えてさらに環境目標を達成するためには、環境保全型農業を推進するための農業環境支払いが必要とされるかもしれない。技術支援もまた、これらの活動を支援することができ、経済的手法と組み合わせることにより、様々な農家行動に対処することができる可能性がある。例えば、水質改善を図るため、多くの国が水質規制を設けており、農家は農業由来の硝酸塩による汚染を削減しなければならない。また、水質を更に改善するため、適正農業管理を行う農家に対する環境支払いや技術支援が行われている。しかし、リファレンス・レベルや環境目標は必ずしも明確に定義されておらず、リファレンス・レベルの枠組みを用いたポリシ

ーミックスと政策選択は、多くのOECD加盟国において未だに限られたものとなっている。

　Pannell（2008）もまた、環境便益をもたらす土地利用形態への変更を促すような政策の選択についての議論を展開している。彼は、政策の選択は、私的（内部）純便益及び公的（外部）純便益の相対的なレベルによって決定されるべきであると主張している（ボックス5.6.）。

ボックス5.6.　政策選択の枠組み

　Pannell（2008）は、政策介入の必要がある場合において、政策立案者が政策介入の純便益を最大化させるために選択すべき政策メカニズムを取りまとめている（図5.7.は彼の分析結果をまとめたものである）。Pannellによると、「私的純便益」は提案されている土地管理方法の変化の結果、私有地管理者が受けることとなる便益から費用を引いたものである。一方、「公的純便益」は、私有地管理者以外の全員が受ける便益から費用を引いたものである。このように、私的純便益の座標軸は土地所有者自らの行動に関する動向を示し、公的純便益の座標軸は、土地所有者の行動によるその他の全ての人への影響と関連するものである。後者の効果（通常、「外部性」と呼ばれるもの）は、それらが非排他性（ある財について、誰も当該財を消費することから排除されない性質）、非競合性（ある財について、他者が消費する機会を減少させることなく、誰もが同時に当該財を消費することができる性質）を有する場合に、政府が経済主体の行動に影響を及ぼすことを目的に介入することを正当化するのに用いられる。正の「公的」純便益をもたらすプロジェクトは図の上半分に、正の「私的」純便益をもたらすプロジェクトは図の右半分に属することとなる。

　この枠組みに基づいて、Pannellは次の政策について、以下のとおり

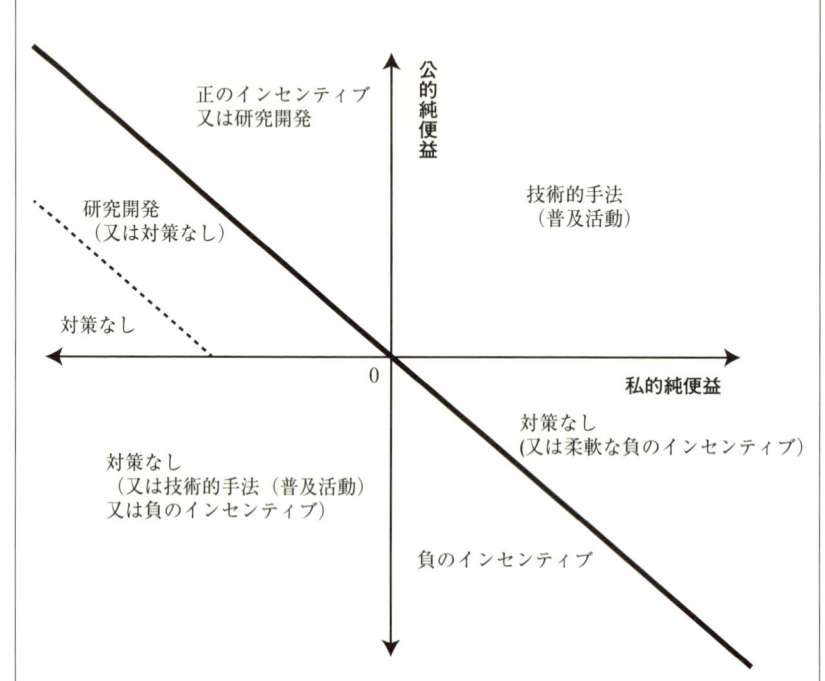

図 5.7. 一連のルールに基づく効率的な政策メカニズムの枠組み

（グラフ：縦軸「公的純便益」、横軸「私的純便益」）
- 正のインセンティブ又は研究開発
- 研究開発（又は対策なし）
- 対策なし
- 技術的手法（普及活動）
- 対策なし（又は柔軟な負のインセンティブ）
- 対策なし（又は技術的手法（普及活動）又は負のインセンティブ）
- 負のインセンティブ

出典: Pannell, D. J.（2008），"Public Benefits, Private Benefits, and Policy Intervention for Land-use Change for Environmental Benefits", *Land Economics*, Vol. 84, No. 2, pp. 225-240.に基づき作成

用いるべきだとしている。

- 正のインセンティブ：公的純利益が非常に高く、負の私的純便益がゼロに近い場合。
- 負のインセンティブ：負の公的純便益がわずかな私的純便益を明らかに上回る場合。
- 技術的手法（農家に対する普及事業）：公的純便益が非常に高く、私的純便益がわずかに正である場合。
- 研究開発：負の私的純便益が公的純便益と同程度か上回る場合。

第 5 章　農業環境公共財の供給のための政策　　161

> ● 対策なし：私的純便益が負の公的純便益を上回る場合、又は公的純便益と私的純便益が共に負である場合であり、両者とも土地利用の変化が受け入れられる場合
>
> 　正負のインセンティブ及び技術的手法が用いられる場合は、全体の一部分にしかすぎない。Pannell（2008）によると、当該枠組みは、費用対効果の高い政策の選択は、公的純便益よりも、私的純便益の影響をより強く受けることを示している。さらに、正負のインセンティブや技術的手法といった政策は、私的純便益がゼロに近い場合により大きな便益をもたらしやすい。これは、土地利用の変化がわずかな正（負）のインセンティブにより促される（妨げられる）からである。

　多くの場合、複数の政策によって複数の目的が政策対象とされており、ある特定の政策がある問題にどの程度対処しようとしており、どの程度その他の政策が対処しようとしているのか、必ずしも明らかではない。それらのリファレンス・レベルもまた明確とは言えない。それぞれの政策目的、リファレンス・レベルとその他の政策との関係性について、注意深く検証する必要がある。

　優れた農業環境ポリシーミックスと政策の選択のためには、新たな対策に関する詳細な評価と、農業環境公共財に影響を与える全ての対策についての定期的な事前事後の評価が必要である。環境面において効果的であり、経済面において効率的であるポリシーミックスを講じるためには、柔軟性を有する対策を用いることによってそれぞれの対策が相互に補完することができる可能性を高める必要がある。また、各種対策の政策選択がインセンティブに対してもたらす影響についてよく注意を払う必要がある。対策の重複はそれらが相互に補完し合うことができる場合、あるいは、環境問題の異なる側面にそれぞれ対処することができる場合を除いて避けるべきである。適切なモ

ニタリングと実施体制が不可欠である（OECD, 2007c）。

平等性と社会的要因

政策立案者は、政策を選択するのにあたって、生産者、消費者、納税者のグループの中での、そして異なるグループ間の所得分配と平等性といった社会的要因についても考慮する必要がある。複数のタイプの対策が費用対効果の高い結果を達成することができる場合もあるが、それらの対策が異なる富の配分をもたらすこともあるため、平等性の観点からは異なる対策と見なすことができる場合もある（OECD, 2010a）。

地元の環境問題に関心を有するあらゆる農家と地域住民を排除せずに参加させているコミュニティ活動を政策の対象とすることにより、平等性に関する懸念点を緩和することができる可能性がある。農業環境政策の政策立案については、環境面、経済面、社会面といった要因だけでなく、行政費用等の実施面での制約も考慮することが求められる。

注

1 各国の政策の詳細については、ケーススタディを参照されたい。
2 EUが助成しているCLIAMプロジェクトは、効率的な共通農業政策の立案を支援するため、ランドスケープ・レベルの管理改善に向けた知識基盤を構築することを目的としている。詳細な情報については、www.claimproject.eu/index.aspxを参照されたい。

参考文献

Bamière, L., M. David and B. Vermont (2013), "Agri-environmental Policies for Biodiversity When the Spatial Pattern of the Reserve Matters", *Ecological Economics*, Vol.85, pp.97-104.

第5章　農業環境公共財の供給のための政策　163

Barreiro-Hurlé, J., M. Espinosa-Goded and P. Dupraz (2010), "Does Intensity of Change Matter? Factors Affecting Adoption of Agrienvironmental Schemes in Spain," *Journal of Environmental Planning and Management* Vol.53, No.7, pp.891-905.

Boatman, N., et al. (2008), *A Review of Environmental Benefits Supplied by Agri-environment Schemes*. FST20/79/041, Report to the Land Use Policy Group, United Kingdom.

Busch, J. (2013), "Supplementing REDD+ with Biodiversity Payment: The Paradox of Paying for Multiple Ecosystem Services," *Land Economics*, Vol.89, No.4, pp.655-675.

Claassen, R. A. Cattaneo and R. Johansson (2008), "Cost-effective Design of Agri-environmental Payment Programs: U.S. Experience in Theory and Practice," *Ecological Economics*, Vol.65, pp.737-752.

Claassen, R. et al. (2001), "Agri-environmental Policy at the Crossroads: Guideposts on a Changing Landscape", *Agricultural Economic Report*, Number794, *Economic Research Service/USDA*, Washington, D.C.

Cong, R.G. et al. (2014), "Managing Ecosystem Services for Agriculture: Will Landscape-scale Management Pay?," *Ecological Economics*, Vol.99, pp.53-62.

Defra (2010), *Agricultural Change and Environment Observatory Programme*, Defra. London. http://archive.defra.gov.uk/evidence/economics/foodfarm/reports/envacc/ (accessed 6 September 2013).

Dunn, H. (2011), "Payments for Ecosystem Services", *Defra Evidence and Analysis Series, Paper 4*, Defra, London.

European Network for Rural Development (ENRD) (2010), *Thematic Working Group 3: Public Goods and Public Intervention: Final*

Report, ENRD, Brussels.

Goldman, R.L., B.H. Thompson and G.C. Daily (2007), "Institutional Incentives for Managing the Landscape: Inducing Cooperation for the Production of Ecosystem Services," *Ecological Economics*, Vol.64, pp.333-343.

de Groot, R.S. et al. (2010), "Challenges in Integrating the Concept of Ecosystem Services and Values in Landscape Planning, Management and Decision Making," *Ecological Complexity*, Vol.7, pp.260-272.

Helin, J., et al. (2013), "Model for Quantifying the Synergies between Farmland Biodiversity Conservation and Water Protection at Catchment Scale," *Journal of Environmental Management*, Vol.131, pp.307-317.

Jacobs and SAC (2008), *Environmental Accounts for Agriculture*, Defra, London.

Jones, J., P. Silcock and T. Uetake (2015), "Public Goods and Externalities: Agri-environmental Policy Measures in the United Kingdom", *OECD Food, Agriculture and Fisheries Papers*, No. 83, OECD Publishing,Paris. DOI: http://dx.doi.org/10.1787/5js08hw4drd1-en.

Kolstad, C.D. (2011), *Intermediate Environmental Economics: International Second Edition*, Oxford University Press, New York.

Lankoski, J., et al. (2015), "Environmental Co-benefits and Stacking in Environmental Markets", *OECD Food, Agriculture and Fisheries Papers*, No. 72, OECD Publishing, Paris. DOI: http://dx.doi.org/10.1787/5js6g5khdvhj-en.

Madureira, L. et al. (2013), *Feasibility Study on the Valuation of Public*

Goods and Externalities in EU Agriculture: Final Report, A Study Commissioned by European Commission Joint Research Centre, Institute for Prospective Technological Studies Agriculture and life Sciences in the Economy, Contract No.152423. University of Trás-os-Montes e Alto Douro.

McVittie, A., D. Moran and S. Thomson (2009), *A Review of Literature on the Value of Public Goods from Agriculture and the Production Impacts of the Single Farm Payment Scheme*, Rural Policy Centre Research Report, Report Prepared for the Scottish Government's Rural and Environment Research and Analysis Directorate (RERAD/004/09), SAC, Edinburgh.

Mezzatesta, B., D.A. Newburn and R.T. Woodward (2013), "Additionality and the Adoption of Farm Conservation Practices," *Land Economics*, Vol.89. No.4, pp.722-742.

OECD (2014), *Climate Change, Water and Agriculture: Towards Resilient Systems*, OECD Studies on Water, OECD Publishing, Paris. DOI: http://dx.doi.org/10.1787/9789264209138-en.

OECD (2013), *Providing Agri-environmental Public Goods through Collective Action*, OECD Publishing, Paris. DOI: http://dx.doi.org/10.1787/9789264197213-en.（OECD編、植竹哲也訳（2014）『農業環境公共財と共同行動』筑波書房）

OECD (2012a), *Evaluation of Agri-environmental Policies: Selected Methodological Issues and Case Studies*, OECD Publishing, Paris. doi: 10.1787/9789264179332-en.

OECD (2012b), *Farmer Behaviour, Agricultural Management and Climate Change*, OECD Publishing, Paris. doi: 10.1787/9789264167650-

en.

OECD (2012c), "Additionality in US Agri-environmental Programmes for Working Land: A Preliminary Look at New Data", in OECD, *Evaluation of Agri-environmental Policies: Selected Methodological Issues and Case Studies*, OECD Publishing, Paris. DOI: http://dx.doi.org/ 10.1787/9789264179332-7-en

OECD (2011), *A Green Growth Strategy for Food and Agriculture Preliminary Report*, OECD, Paris, http://www.oecd.org/greengrowth/sustainable-agriculture/48224529.pdf.

OECD (2010a), *Guidelines for Cost-effective Agri-environmental Policy Measures*, OECD Publishing, Paris. DOI: http://dx.doi.org/10.1787/9789264086845-en.

OECD (2010b), *Environmental Cross Compliance in Agriculture*, OECD, Paris, http://www.oecd.org/tad/sustainable-agriculture/44737935.pdf.

OECD (2008), "Agricultural Policy Design and Implementation: A Synthesis", *OECD Food, Agriculture and Fisheries Papers*, No. 7, OECD Publishing, Paris. DOI: http://dx.doi.org/10.1787/243786286663.

OECD (2007a), *Effective Targeting of Agricultural Policies: Best Practices for Policy Design and Implementation*, OECD Publishing, Paris. DOI: http://dx.doi.org/10.1787/9789264038288-en.

OECD (2007b), *The Implementation Costs of Agricultural Policies*, OECD Publishing, Paris. DOI: http://dx.doi.org/10.1787/9789264024540-en..

OECD (2007c), *Instrument Mixes for Environmental Policy*, OECD Publishing, Paris. DOI: http://dx.doi.org/10.1787/9789264018419-en.

OECD (2006), "Financing Agricultural Policies with Particular Reference to Public Good Provision and Multifunctionality: Which Level Of

Government?", [AGR/CA/APM (2005) 19/FINAL], Paris.

OECD (2001), *Improving the Environmental Performance of Agriculture: Policy Options and Market Approaches*, OECD Publishing, Paris. DOI: http://dx.doi.org/10.1787/9789264033801-en.

Pannell, D. (2008), "Public Benefits, Private Benefits, and Policy Intervention for Land-use Change for Environmental Benefits", *Land Economics*, Vol.84, No.2, pp.225-240.

Pannell, D. and A. Roberts (2015), "Public Goods and Externalities: Agri-environmental Policy Measures in Australia", *OECD Food, Agriculture and Fisheries Papers*, No. 80, OECD Publishing, Paris. DOI: http://dx.doi.org/10.1787/5js08hx1btlw-en.

Ribaudo, M. (2013), *Policy Instruments for Protecting Environmental Quality*. www.ers.usda.gov/topics/natural-resources-environment/environmental-quality/policy-instruments-for-protecting-environmental-quality.aspx#.Uh4f_j_leq0. (Accessed 18 September 2013)

Ribaudo, M., L. Hansen, D. Hellerstein and C. Greene (2008), "The Use of Markets to Increase Private Investment in Environmental Stewardship", United States Department of Agriculture, Economic Research Service, *Economic Research Report* Number 64, Washington D.C.

RISE (2009), *RISE Task Force on Public Goods from Private Land*, Directed by A. Buckwell, RISE (Rural Investment Support Europe).

Sakuyama, T. (2005), *Incentive Measures for Environmental Services from Agriculture: Briefing Note on the Roles of Agriculture Project in the FAO: Socio-economic Analysis and Policy Implications of the*

Roles of Agriculture in Developing Countries, Food and Agriculture Organization Publications, Rome.

Schrijver, R. and T. Uetake (2015), "Public Goods and Externalities: Agri-environmental Policy Measures in the Netherlands", *OECD Food, Agriculture and Fisheries Papers*, No. 82, OECD Publishing, Paris. DOI: http://dx.doi.org/10.1787/5js08hwpr1q8-en.

Shortle, J. and T. Uetake (2015), "Public Goods and Externalities: Agri-environmental Policy Measures in the the United States", *OECD Food, Agriculture and Fisheries Papers*, No. 84, OECD Publishing, Paris. DOI: http://dx.doi.org/10.1787/5js08hwhg8mw-en.

Uetake, T. (2015), "Public Goods and Externalities: Agri-environmental Policy Measures in Japan", *OECD Food, Agriculture and Fisheries Papers*, No. 81, OECD Publishing, Paris. DOI: http://dx.doi.org/10.1787/5js08hwsjj26-en.（植竹哲也著、植竹哲也訳（2016）『共同行動と外部性：日本の農業環境政策』筑波書房）

Uetake T. and H. Sasaki (2014), "Promoting Agri-environmental Policies to Meet the Consumer Preference in Japan: Economic-Biophysical Model Approach", Paper presented at the 139th EAAE (European Association of Agricultural Economics) Seminar, 17-21 February 2014, Innsbruk-Igls, Austria.

Van Herzele, A. et al. (2013), "Effort for Money? Farmers' Rationale for Participation in Agri-environment Measures with Different Implementation Complexity," *Journal of Environmental Management*, Vol.131, pp.110-120.

Vojtech, V. (2010), "Policy Measures Addressing Agri-environmental Issues", *OECD Food, Agriculture and Fisheries Papers*, No. 24,

OECD Publishing, Paris. DOI: http://dx.doi.org/10.1787/5kmjrzg08vvb-en.

第6章

結論と政策提言

　本章ではオーストラリア、日本、オランダ、英国、アメリカにおける農業環境政策についての結論と政策提言を示す。

農業環境部門における公共財と外部性

　農業は食料、飼料、繊維、燃料といった商品を供給するだけでなく、生物多様性、水質、土壌の質といった環境に対して正負の影響をもたらす。これらの農業生産活動から生じる環境外部性は、同時に非排他性（ある財について、誰も当該財を消費することから排除されない性質）、非競合性（ある財について、他者が消費する機会を減少させることなく、誰もが同時に当該財を消費することができる性質）の特徴を有していることがある。本書では、環境外部性がこれらの特徴を有している場合、「農業環境公共財」と定義することとする。農業環境公共財は必ずしも望ましいものとは限らない。環境に対して負の影響をもたらす場合は、「負の農業環境公共財」と定義することができる。本書は、5カ国（オーストラリア、日本、オランダ、英国、アメリカ）の農業環境公共財に対する政策について分析している。本書は、各国がどのような農業環境公共財を政策対象としているのか、各国はどのように農業環境目標とリファレンス・レベルを設定しているのか、どのような政策を実施し、これらの政策はどの農業環境公共財を対象としているのか、といった点について分析している最初の研究の一つである。

主な農業環境公共財

　政策対象となっている農業環境公共財は、国によって異なる。これは、各国の歴史的経緯、文化、気候、営農形態等様々な要因が、何が農業環境公共財であるのかという考えに影響を与えるためである。土壌保全と土壌の質、水質、水量、大気の質、生物多様性の5つの農業環境公共財については、今回ケーススタディとして取り上げた5カ国全てにおいて政策対象とされてい

る。また、気候変動（地球温暖化ガス、炭素貯留）はアメリカを除く4カ国で政策対象とされている。農村景観は、オーストラリアを除く4カ国で政策対象とされている。一方、洪水防止や火災防止等の国土の保全機能については、日本、オランダ、英国においては政策対象とされているものの、オーストラリア、アメリカでは政策対象となっていない。農業環境公共財の各国における優先順位は異なる。

しかし、これらの財は常に非競合性、非排他性の特徴を有しているわけではない。農業生産活動から生じる環境外部性の一部は私的財としての性格を有していることから、政府の介入が必要ないかもしれない。各国、各地域において農業生産活動から生じる重要な環境外部性を明確に特定し、それらが非競合性、非排他性の特徴を有しており、農業環境公共財（負の農業環境公共財）として定義することができるのかどうか、それぞれの場合において吟味することが必要である。

農業生産と農業環境公共財の供給

営農形態、農法、農業投入財、そして農業インフラ（要因）が農業環境公共財の供給（環境面での成果）に影響を与えている。ある農法や政策は農業環境公共財に対して正負両面の影響を異なる方法・程度でもたらすため、どのように農業が農業環境公共財を供給することができるのか分析することが重要である。知識の構築を進め、農業生産と農業環境公共財の供給についての関連データを収集することが重要である。このような取組は、農業環境公共財のための政策のモニタリングと評価の実施を支援することにもつながりうる。

農業環境公共財関連の市場の失敗

　農業は農業環境公共財を供給することができ、これらの財の市場は一般的に発展していない。その結果、農家は適切な量の農業環境公共財を生産することが難しい。不完全な市場では、農業環境公共財の価値は、農業生産物や農地の価格に反映されていないことがしばしばある。農業環境公共財の将来の価値も含め、価格がその価値を適切に伝えることができない結果、農業環境公共財の過小・過剰供給が生じるおそれがある。

　しかし、農業環境公共財の供給は必ずしも政府が常に介入すべきであることを意味しているわけではない。理論的には適切な量の農業環境公共財を生産することは難しいものの、農家が適切な量を偶然的に供給することはあり得る。また、政府の介入は追加費用を伴うことから、介入による便益が費用を上回る必要がある。政府の介入を正当化するためには、市場の失敗の証拠が必要である。また、不介入の結果生じる費用、特に長期にわたる不介入の費用も、費用便益分析の際に考慮しなければならない。

　農業環境公共財の需要と供給の規模は、市場が存在しないことから、推計することが難しく、その結果、農業環境公共財に関する市場の失敗が存在しているかどうかを調査することも難しい。一方、新たなネットワークを構築し、関係者、関係機関を巻き込み、先進的な推計テクニックを用いて農業環境公共財の需要と供給の規模を推計しようとする新たな取り組みもいくつか行われている。しかし、農業環境公共財の偶発的な供給が需要と一致しているかどうかについての検証は滅多に行われていない。このような状況は、市場の失敗が生じていないような場合にも政府が介入している可能性があることを示唆している。言い換えれば、過剰介入の危険性が存在していることを意味している。また、市場の失敗がある場合、市場の失敗の程度に関する情

報が不足していることから、不十分な、又は不適切な政府の介入が行われている可能性もある。農業環境公共財の需要と供給の分析に関する更なる努力が必要である。そして、一部の農業環境公共財は地域公共財である一方、その他の公共財は地方、国、グローバルな公共財であることから、その推計は適切な規模で行われなければならない。

　費用便益分析は技術的、政治的に難しい問題点を有していることもあり、一般的に、実施されていない。そして、政府の介入費用が便益費用を上回ってしまっている場合もあるとする研究も存在する。政府の失敗を避けることが重要である。政府は具体的な政策介入及び非介入についての便益と費用を評価するため、より厳格なアプローチを取るべきであり、これらの便益は、ある具体的な農法の使用状況に基づいて評価するのではなく、環境面での成果そのものを基に評価すべきである。一貫したモニタリングと評価の仕組みを作り上げることもまた重要であり、政府の介入以前に十分時間的猶予をもって作り上げるべきである。これによって、モニタリングと評価のための十分な時間を確保することができることとなる。また、誰が最も利益を得、誰が最も損失を被ることになるのかを把握することも重要である。便益と費用は必ずしも関係者間に平等に分配されているわけではない。

　英国における生態系サービスへの支払い（上流地域考察プロジェクト（Upstream Thinking Project））など、民間企業による革新的な取組が行われている。これらの取組によって市場の失敗を克服することができる可能性があることから、農業環境政策の費用対効果を上げるためにはこれらの取組を活用すべきである。

環境目標とリファレンス・レベル

　環境目標とリファレンス・レベルは、農業環境公共財の供給費用を誰が負

担すべきか議論する際に有益であるが、これらは多くの場合、明示的に定義されていない。多くの経済的手法が現在の農法に基づく環境レベルをリファレンス・レベルとして設定していることから、農家が持続可能な農法を取り入れる際に政府は農家に対して支払いをすることとなっている。

しかし、場合によっては、農業環境公共財の直接的な受益者を特定することができることがある。この場合、受益者に対して供給費用の一部の負担を求めることにより、政府の介入費用及び農家の負担を削減することができる可能性がある。コミュニティ活動や共同行動を活用することによって、費用負担の議論に、これらの関係者や組織を参加させることができる。

農業環境公共財の供給に係る費用負担について更に議論を深め、環境被害をもたらす農家に対して支払いをすることを避けなければならない。政府の介入前に、どの農家がどの程度費用を負担すべきであり、どの程度、納税者や消費者が費用を負担すべきかどうかについて議論する必要がある。リファレンス・レベルと環境目標は明確に定義されるべきであり、環境目標はSMARTの法則（スマートの法則）（Specific（具体的）、Measurable（測量可能）、Attainable（達成可能）、Realistic（現実的）、Timely（期限が明確））といった一般的に受け入れられている基準に基づいて設定されるべきである。

農業環境公共財の供給のための政策

ほとんどの政策は特定の営農形態、農法、農業インフラなど農業環境公共財の供給に影響を与える要因を対象としている。

環境には非農業要因も影響を与えることから、一般的に、環境面の成果（environmental outcomes）よりも農業環境公共財に影響を与える要因（driving forces）を対象とする方が簡単である。しばしば、農業環境公共財に影響を与える要因を政策対象とすることが、唯一の実現可能な選択肢であ

ることがある。

環境面での成果そのものを対象に環境面でのパフォーマンスの改善を図る政策は少ない。
　今回取り上げた国の中では、環境パフォーマンスに基づく政策は2つしか報告されていない。アメリカの「保全管理計画（Conservation Stewardship Program（CSP））」は、支払基準の基となる環境保全パフォーマンスを決定するため、ポイント・システムを使用している。同計画では、各種取組毎に関連する環境便益の影響を示したスコアリング表を用いている。ただし、その環境パフォーマンスの評価は実際の環境面での成果そのものに基づくものではない。また、オーストラリアのヴィクトリア州は、オークションを用いた私有地における生息地の保全を図るためのパイロット・プロジェクトを実施している（「BushTenderプログラム」などの保全プログラム）。これらのパイロット・プロジェクトの一環で、生物多様性の保全に関するアウトプット・ベースの政策が試行されている。農家はこの環境支払いを受けとるためには一定の生物多様性の基準を満たさなければならない。これらのプロジェクトの経験から学ぶことにより、さらに証拠に基づいたアウトプット・ベースの政策へと転換を図ることができる可能性がある。

政策の費用対効果を上げるためには、農業環境公共財の供給に影響を与える要因に対して適切にターゲットを絞ることが重要である。
　農家と農地の特徴の相違を考慮し、証拠に基づくアプローチを採用することによって、政策の費用対効果を上げることができる。政府は、対象とされている農業環境公共財それぞれについて政策を立案する際に、より証拠に基づくアプローチを取るべきである。

政策の「追加性」は政策立案の際に考慮すべき重要な概念である。

政策の追加性とは、環境目標を達成するために政策が必要とされる程度のことである。環境支払いがなくても環境パフォーマンスを改善することができるような農家に対して支払いをすることを避けることが重要である。

ターゲティングに伴って発生する取引費用の削減を図ることは政策立案と政策選択の際に極めて重要なポイントである。

ターゲティングは追加的な取引費用を伴うものである。取引費用は、関係機関、各地域、各国の経験を共有することによって、また、既存の行政ネットワークの活用、政府や民間の情報システムの統合、関係機関の数の削減、情報技術の活用を通じて削減することができる。

農業環境公共財のための政策の基本的な目的は環境目標を最低限の費用で達成することである。

政策立案者は、環境面での効果、経済面での効率性、農家のプログラム参加費用、行政費用、取引費用、その他の便益や費用のトレードオフ関係の程度、そして、平等性や所得分配を考慮に入れつつ、適当な政策手段を選択すべきである。

政策立案者は農家の環境に対する行動についての複雑なモチベーションを考慮すべきである。

農家は環境問題に対して異なる受け止め方をしており、彼らの優先順位やプログラムの参加の程度も異なる。伝統的な政策では、農業環境公共財に関連する市場の失敗を克服するのには不十分な場合がある。農家行動に対する更なる研究と、これらの研究から学ぶことが、農業環境公共財のための総合的なアプローチを構築するために必要である。

最適なポリシーミックスと関係者間の協調についての議論が不可欠である。
　多くの政策（特に、農業環境支払い等の経済的手法）が複数の農業環境公共財を対象としている。また、それぞれの農業環境公共財は複数の政策によって対象とされている。農業環境公共財を供給するための政策は、政策立案の歴史的な背景や複数の関係者（省、中央・地方政府、利害関係者等）の存在もあり、様々な政策の複雑な組み合わせとなっている。ある政策がどの程度農業環境問題に対処しようとしており、どの程度その他の政策が同問題に対処しようとしているのかが、必ずしも明らかではない。現在の政策を評価し、これらの政策がシナジー効果を生み出しているのかどうかを分析することが、より良いポリシーミックスの構築に向けた最初の一歩である。

付録6.A.

オーストラリア、日本、オランダ、英国及びアメリカにおける農業環境政策の概要

付録表 6.A1. 主なオーストラリアの農業環境政策

農業環境公共財	規制的手法			経済的手法				共同行動対策	技術的手法
	環境規制	環境税・課金	環境クロス・コンプライアンス	農法に対する環境支払い	休耕に対する環境支払い	固定資産に対する環境支払い	成果に対する環境支払い	取引可能な許可証		
水質	州単位の規制（ヴィクトリア州の酪農廃水管理等）			CFOC、サンゴ礁排出プログラム（Reef Rescue）、州のプログラム（全て小規模な一時的な支払い）					CFOC	技術支援・普及活動、研究開発／表示・基準／証明CFOC
水量										
生物多様性	環境保護・生物多様性保全法（EBPC Act）、絶滅危惧種のための州法、原植生開墾規制に関する州法			CFOC、州のプログラム（小規模な一時的な支払い）、ヴィクトリア州の保全プログラム（逆オークション）、リバースオークション）、連邦スチュワードシッププログラム（National Stewardship Program）				水市場ブッシュ・ブローカー（Bush Broker）によるオフセット市場（ヴィクトリア州）	CFOC	CFOC
土壌保全・土壌の質	土壌保全法に関する州法			CFOC（小規模な一時的な支払い）					CFOC	CFOC、コミュニティ・ケア・ランド助成（Community Landcare grants）
炭素貯留				低炭素農業イニシアティブ（Carbon Farming Initiative）						低炭素農業未来（Carbon Farming Futures）
地球温暖化				低炭素農業イニシアティブ（Carbon Farming Initiative）						
大気の質	農場立地規制計画									

略称：CFOC＝国土の愛護計画（Caring for Our Country）．
出典：Pannell, D. and A. Roberts (2015), "Public Goods and Externalities: Agri-environmental Policy Measures in Australia".

付録　183

付録表 6.A2. 主な日本の農業環境政策

農業環境公共財	規制的手法 環境規制	規制的手法 環境税/課金	規制的手法 環境クロス・コンプライアンス	規制的手法 農法に対する環境支払い	経済的手法 休耕に対する環境支払い	経済的手法 固定資産に対する環境支払い	経済的手法 成果に対する環境支払い	経済的手法 取引可能な許可証	経済的手法 共同行動対策	技術的手法
農村景観	景観法			中山間地域等直接支払制度					農地・水保全管理支払交付金	技術支援、普及及び活動、研究開発/表示・基準・証明
生物多様性	カルタヘナ法、外来生物法		農業環境規範	環境保全型農業直接支援対策、中山間地域等直接支払制度		持続農業法			農地・水保全管理支払交付金	持続農業法、有機農業推進法、有機農産食品の表示制度
水質	水質汚濁防止法、家畜排せつ物法					持続農業法、家畜排せつ物法			農地・水保全管理支払交付金	持続農業法、有機農業推進法、有機農産食品の表示制度、家畜排せつ物法
水量・水源かん養	河川法			中山間地域等直接支払制度					農地・水保全管理支払交付金	
土壌の質・土壌保全	農用地土壌汚染防止法		農業環境規範	環境保全型農業直接支援対策		持続農業法、家畜排せつ物法			農地・水保全管理支払交付金	持続農業法、有機農業推進法、食品の表示制度、地力増進法
炭素貯留										
地球温暖化						家畜排せつ物法		J-クレジット制度		バイオマス・ニッポン
大気の質	悪臭防止法、家畜排せつ物法									家畜排せつ物法
国土保全				中山間地域等直接支払制度					農地・水保全管理支払交付金	

注：その他、様々な農業環境公共財に関連する補助金が支払われている。
略称：家畜排せつ物法＝家畜排せつ物の管理の適正化及び利用の促進に関する法律、農用地土壌汚染防止法＝農用地の土壌の汚染防止等に関する法律、持続農業法＝持続性の高い農業生産方式の導入の促進に関する法律
出典：Uetake, T. (2015), "Public Goods and Externalities: Agri-environmental Policy Measures in Japan"、植竹哲也訳（2016）「共同行動と外部性＝日本の農業環境政策」筑波書房

付録表 6.A3. 主なオランダの農業環境政策

農業環境公共財	環境規制	規制的手法 環境税/課金	農法に対する環境支払い	休耕に対する環境支払い	経済的手法 固定資産に対する環境支払い	成果に対する環境支払い	取引可能な許可証	共同行動対策	技術的手法 技術支援及び活動/研究開発/表示/基準/証明
農村景観	Wro, Boswet	WSH	SNL	SNL			RvG(実験段階)	GLB pilots (実験段階)	ほとんどの技術支援は現在のところ特別に実施されている。
生物多様性	FFW, NBW, WBD, HD		CC	SNL, BvN	MIA+ Vamil		RGP	GLB pilots (実験段階)	B+B, CI, TSAF
水質	MW, WW, WBB,ND, IPPCD, WFD		CC	SNL, BvN					
水量	WW, WSW, WFD	WSH	CC	GBDA	GBDA				
土壌の質・土壌保全	WW		CC						
地球温暖化	NECD	MH	CC		MIA+Vamil	RED		TSAF	TSAF, TST
大気の質	WAV/WM, NECD		CC		MIA+Vamil			TSAF	TSAF, TST
洪水防止			CC		MIA+Vamil				SP
									FD

略称：B+B – Biodiversiteit en Bedrijsleven（生物多様性とビジネス），Boswet（森林法），BvN – Boeren voor Natuur（自然のための農業），CC – クロス・コンプライアンス，CI – 協力と確信，FD – （EC）洪水指令，FFW – Flora en Faunawet（動植物法），GBDA – GroenBlauwe dooradering（緑の血管），GLB pilots – pilots gemeenschappelijk landbouwbeleid（共通農業政策バイロット事業），HD – （EC）生息地指令，IPPCD – （EC）総合的汚染防止管理指令，NBW – Natuurbeschermingswet（自然保護法），ND – （EC）硝酸塩指令，NECD – （EC）国別排出上限指令，MIA – Milieu Investeringsaftrek+willekeurige afschrijving milieuinvesteringen（環境税削減プログラム），MH – Milieuheffing（エネルギー、燃料に対する環境税），MW – Meststoffenwet（肥料使用法），RED – （EC）再生可能エネルギー指令，RGP – Regeling GroenProjecten（グリーンプロジェクト・グリーンファンド），RvG – Rood voor Groen（緑のための赤），SNL – Subsidieregeling Natuur en Landschap（自然と景観のための補助金スキーム），SP – Subsidieregeling Praktijknetwerken（アンモニア排出削減のためのコミュニティの取組に対する補助金），TSAF – TopSector AgroFood（食品産業トップ部門），TST – Topsector Tuinbouw（園芸トップ部門），WAV – Wet Ammoniak en veehouderij（アンモニア畜産法），WBB – Wet bodembescherming（土壌保護法），WBD – （EC）野鳥指令，WFD – （EC）水枠組指令，WM – Wet milieubeheer（環境管理法），Wro – Wet ruimtelijke ordening（空間計画法），WSH – Waterschapsheffing（水管理委員会賦課金），WSW – Waterschapswet（水管理委員会法），WW – Waterwet（水法）

出典：Schrijver, R. and T. Uetake（2015）, "Public Goods and Externalities: Agri-environmental Policy Measures in the Netherlands".

付録表 6.A4. 主な英国の農業環境政策

農業環境公共財	規制的手法 環境規制	規制的手法 環境税/課金	規制的手法 環境クロス・コンプライアンス	政策 農法に対する環境支払い	政策 休耕に対する環境支払い	政策 固定資産に対する環境支払い	政策 成果に対する環境支払い	政策 取引可能な許可証	政策 共同行動対策	技術的手法
農村景観			CC	ES, Glastir, RDC, NICMS	EWGS, Glastir, RDC, WGS	RDC				FAS, FATI/ETIP, FC, WFR, CAFRE
生物多様性	WCA, CROW, WBD, HD		CC	ES, Glastir, RDC, NICMS	EWGS, Glastir, RDC, WGS					FAS, FATI/ETIP, FC, WFR, CAFRE
水質	WRA, ND, IPPCD, WFD		CC	ES, Glastir, RDC, NICMS	EWGS, Glastir, RDC, WGS	ECSFDI, Glastir, RDC, FMP				FAS, FATI/ETIP, FC, WFR, CAFRE
水量	WRA					FFIS		水許可証取引		FAS, FC, WFR, CAFRE
土壌の質・土壌保全・炭素貯留			CC	ES, Glastir, NICMS	EWGS, Glastir, RDC, WGS	FFIS				FAS, FATI/ETIP, FC, WFR, CAFRE
地球温暖化	NECD			ES, RDC, NICMS		FFIS, Glastir, RDC, FMP				FAS, FC, WFR
大気の質	EPA, CAA, NECD			ES, Glastir	EWGS, Glastir, RDC, WGS					
国土保全	洪水防止機能		CC	NICMS						FC
	火災防止機能									

注:法律、プログラムは、イングランド、ウェールズ、スコットランド、北アイルランドの順に記載している。

略称:CAA－大気浄化法 (Clean Air Act)、CAFRE－農業・食品、農村起業大学 (College of Agriculture Food and Rural Enterprise)、CC－クロス・コンプライアンス、CROW－田園地域通行権法 (Countryside and Rights of Way Act)、ECSFDI－イングランド集水域センシティブ農業デリバリ－・イニシアティブ (England Catchment Sensitive Farming Delivery Initiative)、ES－環境スチュワードシップ (Environmental Stewardship)、EWGS－イングランド森林助成スキーム (England Woodland Grant Scheme)、FAS－農業アドバイスサービス (Farming Advice Service)、FATI/ETIP－農業アドバイス訓練情報 (Farm Advice Training and Information)／入門環境スチュワードシップ訓練情報プログラム (Entry Level Stewardship Training and Information Programme)、FC－農業連結 (Farming Connect)、FFIS－農業森林改善スキーム (Farming and Forestry Improvement Scheme)、FMP－農業近代化プログラム (Farm Modernisation Programme)、HD－(EC) 生息地指令、IPPCD－(EC) 総合的汚染防止管理指令、ND－(EC) 硝酸塩指令、NECD－(EC) 国別排出上限指令、NICMS－北アイルランド田園地域管理スキーム (Northern Ireland Countryside Management Scheme)、RDC－農村開発契約 (Rural Development Contracts)、WBD－(EC) 野鳥指令、WCA－野生生物及び田園地帯法 (Wildlife and Countryside Act)、WFD－(EC) 水枠組法令、WFR－全農場レビュー (Whole Farm Review)、WGS－森林助成スキーム (Woodland Grant Scheme)、WRA－水資源法 (Water Resources Act)。

出典:Jones, J. P. Silcock and T. Uetake (2015), "Public Goods and Externalities: Agri-environmental Policy Measures in the United Kingdom".

付録表 6.A5. 主なアメリカの農業環境政策

農業環境公共財	環境規制	規制的手法 環境税/課徴金	環境クロス・コンプライアンス	政策 経済的手法 農法に対する環境支払い	休耕に対する環境支払い	固定資産に対する環境支払い	取引可能な許可証	共同行動対策	技術的手法 技術支援／普及活動、研究開発、表示基準／証明
土壌の質			農務省：土壌浸食しやすい土地と湿地帯保全（Sodbuster）	農務省：EQIP、一部の州	農務省：CRP				様々な連邦、州、郡政府の教育プログラム
水質	農業規制（連邦）、集中家畜飼養施設規制（連邦及び州）、農法規制（養分管理等）（一部の州）	農業特権税（フロリダ）		農務省：EQIP、一部の州	農務省：CRP	農務省：CSP	水質取引（一部の州）		連邦及び州政府の技術支援プログラム
水量	水へのアクセスと水使用に関する法律と規制（州は毎に、そして州内で異なる。）	水価格（Water pricing）		農務省：EQIP、	農務省：CREP、一部の州	農務省：CSP	水市場		
湿地帯	湿地帯への排出管理に関する連邦法及び州法		農務省：土壌浸食しやすい土地と湿地帯（Swampbuster）		農務省：CRP、CREP、ACEP	農務省：CSP	湿地帯緩和バンク（Wetlands Mitigation Banking）		
野生生物	絶滅危惧種生息地保護のための連邦及び州法		農務省：原生芝における穀物生産（sodsaver）、一部の州	農務省：EQIP、	農務省：CRP、CREP	農務省：CSP	保全緩和バンク（Conservation Mitigation Banking）		
大気の質	汚染物質排出基準（カリフォルニア）			農務省：EQIP、	農務省：CRP	農務省：CSP			
農村景観保全	州及び群生湯の土地利用ゾーニング規制		農務省：原生芝における穀物生産（sodsaver）、一部の州	農務省：ACEP、州及び郡政府の保全プログラム					連邦有機農産物表示基準

略称：ACEP－農業保全地役権計画（Agricultural Conservation Easement Program）、CREP－保全休耕向上計画（Conservation Reserve Enhancement Program）、CRP－土壌保全保留計画（Conservation Reserve Program）、CSP－保全管理計画（Conservation Stewardship Program）、EQIP－環境改善奨励計画（Environmental Quality Incentives Program (EQIP)）

出典：Shortle, J. and T. Uetake (2015), "Public Goods and Externalities: Agri-environmental Policy Measures in the United States"に基づき作成。

訳者紹介

植竹 哲也（うえたけ てつや）

　1979年東京都生まれ。2002年一橋大学法学部卒業（専攻・国際関係）。2008年ミシガン大学公共政策大学院修了（修士・公共政策学）。2003年農林水産省入省。総合食料局、大臣官房、経営局を経て、2011年よりOECD貿易農業局環境課農業政策アナリスト。2014年より農林水産省国際部経済連携チーム課長補佐、2015年より国際地域課課長補佐。

　主な著書・論文に『Public Goods and Externalities: Agri-environmental Policy Measures in Japan』（2015, OECD）（『公共財と外部性：日本の農業環境政策』（2016, 筑波書房），『Agri-environmental Resource Management by Large-scale Collective Action: Determining KEY Success Factors』（2014, *The Journal of Agricultural Education and Extension*, iFirst, 1-16.)、『Providing Agri-environmental Public Goods through Collective Action』（2013, OECD）（『農業環境公共財と共同行動』（2014, 筑波書房））。

公共財と外部性：OECD諸国の農業環境政策

Public Goods and Externalities: Agri-environmental Policy Measures in Selected OECD Countries

定価はカバーに表示してあります

2016年3月31日　第1版第1刷発行

著　者　OECD（経済協力開発機構）
訳　者　植竹哲也
発行者　鶴見治彦
発行所　筑波書房
　　　　東京都新宿区神楽坂2-19　銀鈴会館　〒162-0825
　　　　電話03（3267）8599　www.tsukuba-shobo.co.jp

印刷/製本　平河工業社
ISBN978-4-8119-0481-8 C3033